VERSUS

Dominik Godat

Lösungen auf der Spur

Wirkungsvoll führen dank Lösungsfokus

Versus · Zürich

Zur Reihe «VERSUS kompakt»

Die Bücher der Reihe «VERSUS kompakt» richten sich an alle, die sich mit geringem Zeit- und Arbeitsaufwand gründlich in ein Thema einlesen und das erworbene Wissen sofort umsetzen möchten. Das neue Format bietet gesichertes Fachwissen, von Experten geschrieben, auf knappem Raum und in gut verständlicher Sprache, mit zahlreichen Querverweisen, Anwendungsbeispielen und Praxistipps. Die einzelnen Bände setzen sich grundsätzlich aus drei Teilen zusammen:

- Der *erste Teil* enthält eine Einführung, die einen Überblick über die wichtigsten Fragen des Gesamtthemas geben soll. Zahlreiche ▷ Querverweise auf die Stichwörter im zweiten Teil erleichtern die Orientierung und geben Ihnen die Möglichkeit, zu einzelnen Themen und Sachverhalten die vertiefenden Informationen rasch und einfach zu finden.
- Im *zweiten Teil* werden einzelne Themen, Modelle und Instrumente vertieft behandelt und mit Beispielen und Praxistipps veranschaulicht. Die einzelnen Stichwörter sind alphabetisch geordnet und werden jeweils auf einer Doppelseite erläutert. Ein *dritter Teil* enthält Fallstudien oder Beispiele.

Auf der *Website* zur Buchreihe (www.versus-kompakt.ch) können Sie Formulare und Checklisten abrufen, downloaden und ausdrucken, um sie in der Praxis verwenden zu können.

Folgende Symbole helfen Ihnen, sich im Buch zurechtzufinden:

Bei der Lupe finden Sie vertiefende Texte. Dies können Beispiele, Exkurse, Regeln, Übungen oder Interviews sein.

Bei der Glühbirne finden Sie Praxisideen, die Ihnen dabei helfen, das Gelesene umzusetzen.

Beim aufgeschlagenen Buch finden Sie weiterführende Literaturtipps und -empfehlungen sowie Weblinks.

Bei der Hand mit Stift finden sich Reflexionsfragen, die Ihnen helfen, das Gelesene auf Ihre eigene Situation anzuwenden und über Ihre Führung nachzudenken.

Vorwort

Liebe Leserin, lieber Leser

Kommen Sie mit auf eine Reise in die Welt der lösungsfokussierten Führung. Lernen Sie einen wirkungsvollen Führungsstil kennen, der das gesamte Potenzial Ihrer Mitarbeitenden nutzbar macht und mit dem Sie sehr effektiv zu guten Resultaten kommen. Entdecken Sie einen Ansatz, der sowohl die effiziente Zielerreichung als auch die Mitarbeitenden wertschätzend ins Zentrum stellt – kommen Sie mit: Wir sind Lösungen auf der Spur!

Führung wird zunehmend komplexer und anspruchsvoller. Die gängigen Führungsstile werden dieser Dynamik jedoch nur bedingt gerecht. Lösungsfokussierte Führung ist anders und richtet sich explizit auf die heutige dynamische Welt aus. Dieser Führungsstil ist äußerst effektiv, da er einerseits konsequent auf die gewünschte Zukunft fokussiert und andererseits die Mitarbeitenden mit ihrem gesamten Potenzial für die Lösungsfindung einbezieht. Dies erhöht oft nicht nur das Engagement der Mitarbeitenden substanziell, sondern führt auch zu nachhaltig guten Lösungen. Führungskräfte, die so führen, berichten, dass sie bessere Resultate erzielen, die Mitarbeitenden motivierter und engagierter sind und sich die Führungskräfte gesamthaft wohler fühlen in ihrer Führungsfunktion.

«Wenn Ihre Handlungen andere inspirieren, mehr zu träumen, mehr zu lernen, mehr zu tun und mehr aus sich zu machen, dann sind Sie ein Leader.» John Quincy Adams

Obwohl diese Art zu führen weltweit erfolgreich angewendet wird, deckt die Fachliteratur sie bis anhin noch kaum ab. Dieses Buch möchte deshalb dazu beitragen, dass dieser Führungsstil eine größere Beachtung findet und für Führungskräfte einfacher zugänglich wird. Dies insbesondere auch auf Basis meiner eigenen Erfahrungen, die ich mit diesem Führungsstil in meiner Führungsfunktion sowie als Ausbildner von Führungskräften sammeln durfte.

Der lösungsfokussierte Ansatz, welcher ab den späten siebziger Jahren von Steve de Shazer, Insoo Kim Berg und ihrem Team am Brief Family Therapy Center in Milwaukee entwickelt wurde, hat sich im letzten Jahrzehnt zunehmend auch in Organisationen etabliert. Ich hatte das Glück, dass ich vor zehn Jahren von Peter Szabo in diese wunderbare Welt eingeführt wurde und seither viele lösungsfokussierte Pioniere getroffen habe, mit ihnen zusammenarbeiten und den Ansatz mitentwickeln durfte. Ich erinnere mich zum Beispiel gut an die SOLWorld-Konferenz 2005, an der ich

Insoo getroffen habe und sie mich mit ihrer unnachahmlichen Art motiviert hat, den lösungsfokussierten Ansatz in Organisationen weiterzuverfolgen. Oder an die vielen spannenden und freundschaftlichen Gespräche mit Persönlichkeiten, die maßgeblich zur Verbreitung des lösungsfokussierten Ansatzes beigetragen haben, wie zum Beispiel Paul Z. Jackson, Mark McKergow, Jenny Clarke, Harry Kormann, Michael Durrant, Gale Miller, Kirsten Dierolf, Janet Beavin Bavelas, Chris Iveson, Daniel Meier, Michael Hjerth, Yasuteru Aoki oder Peter Röhrig. Sie alle und viele andere an den zahlreichen SOLWorld-Konferenzen (www.solworld.org) wurden nicht nur zu guten Freunden, sondern haben mich richtiggehend begeistert, motiviert und inspiriert. Und dafür möchte ich Ihnen allen von Herzen danken!

Mein großer Dank geht zudem an all diejenigen Personen, die mich in meinem Privatumfeld inspiriert haben, insbesondere an Sabrina Lorentz und Marianne Geurts, die mich in den letzten Jahren liebevoll begleitet haben, an Susanne Burgstaller, Beatriz Vazquez, Mayra Burger und Verena Glanzmann, die mich mit ihrem Interesse und ihren Inputs nachhaltig unterstützt haben, an Elfriede Czerny für uns im Jetzt und in Zukunft sowie an die Autorinnen und Autoren der Erfolgsgeschichten in Teil 3.

Danken möchte ich zudem Pierre-Yves Kocher und Lukas Scheiber (www.kocher-scheiber.ch), die mit mir den «Solution Focused Leadership Survey» durchgeführt haben, Stephanie Kaudela-Baum und der Hochschule Luzern für den großzügigen Beitrag sowie Jean-Paul Thommen und Judith Henzmann vom Versus Verlag für die tolle Zusammenarbeit.

Ich möchte Ihnen, liebe Leserin und lieber Leser, die lösungsfokussierte Führung sehr praxisorientiert näherbringen. Sie finden nicht nur Erläuterungen zu den Hintergründen und den Werkzeugen, sondern auch viele Beispiele und Führungsideen, die Sie direkt in Ihrer Führungspraxis anwenden können. Wie bei anderen Tätigkeiten macht auch hier Übung den Meister. Deshalb habe ich bewusst die wichtigsten Elemente mehrfach wiederholt und an die entsprechende Führungsidee oder das jeweilige Beispiel angepasst.

Dies führt auf der einen Seite dazu, dass Sie das Buch wie einen Reiseführer lesen können: Sie können es von vorne nach hinten durchlesen oder es auch irgendwo in der Mitte bei den einzelnen Stichworten oder am Ende bei den Erfolgsgeschichten aufschlagen. Auf der anderen Seite können die Wiederholungen helfen, sich das

Gelesene durch die mehrfache Anwendung schneller anzueignen und deshalb in Ihrer Praxis rasch kompetent einzusetzen.

Wenn Sie während oder nach der Lektüre und Anwendung dieses Buches Interesse haben, die Welt der lösungsfokussierten Führung auch noch anders zu erfahren, gibt es weiterführende Möglichkeiten:

- Die zum Buch gehörenden Kartensets, die Sie direkt anwenden können:
  - «Lösungen auf der Spur – 50 wirkungsvolle Fragen für Führungskräfte»
  - «Lösungen auf der Spur – 50 wirkungsvolle Führungsideen»
- Die neue Online-Plattform für lösungsfokussierte Führungskräfte: www.solutionfocusedleadership.com
- Diverse lösungsfokussierte Netzwerke (▷ Netzwerke kennenlernen) mit Verknüpfungsmöglichkeiten

Ich wünsche Ihnen auf Ihrer lösungsfokussierten Spurensuche von ganzem Herzen viel Freude und bin überzeugt, dass Sie bald erste Erfolge damit feiern werden!

Kehrsiten, im Januar 2014 Dominik Godat

PS: Wirkungsvoll führen fasziniert mich! Deshalb bin ich sehr an Ihren lösungsfokussierten Führungserfahrungen interessiert. Zögern Sie nicht, mit mir Kontakt aufzunehmen:

Dominik Godat | coaching@godat.ch | www.godat.ch

Inhaltsverzeichnis

Lösungsfokussierte Führung im Überblick

Lösungsfokussierte Führung von A bis Z

Lösungsfokussierte Führung: Erfolgsgeschichten

In Liebe und Flow

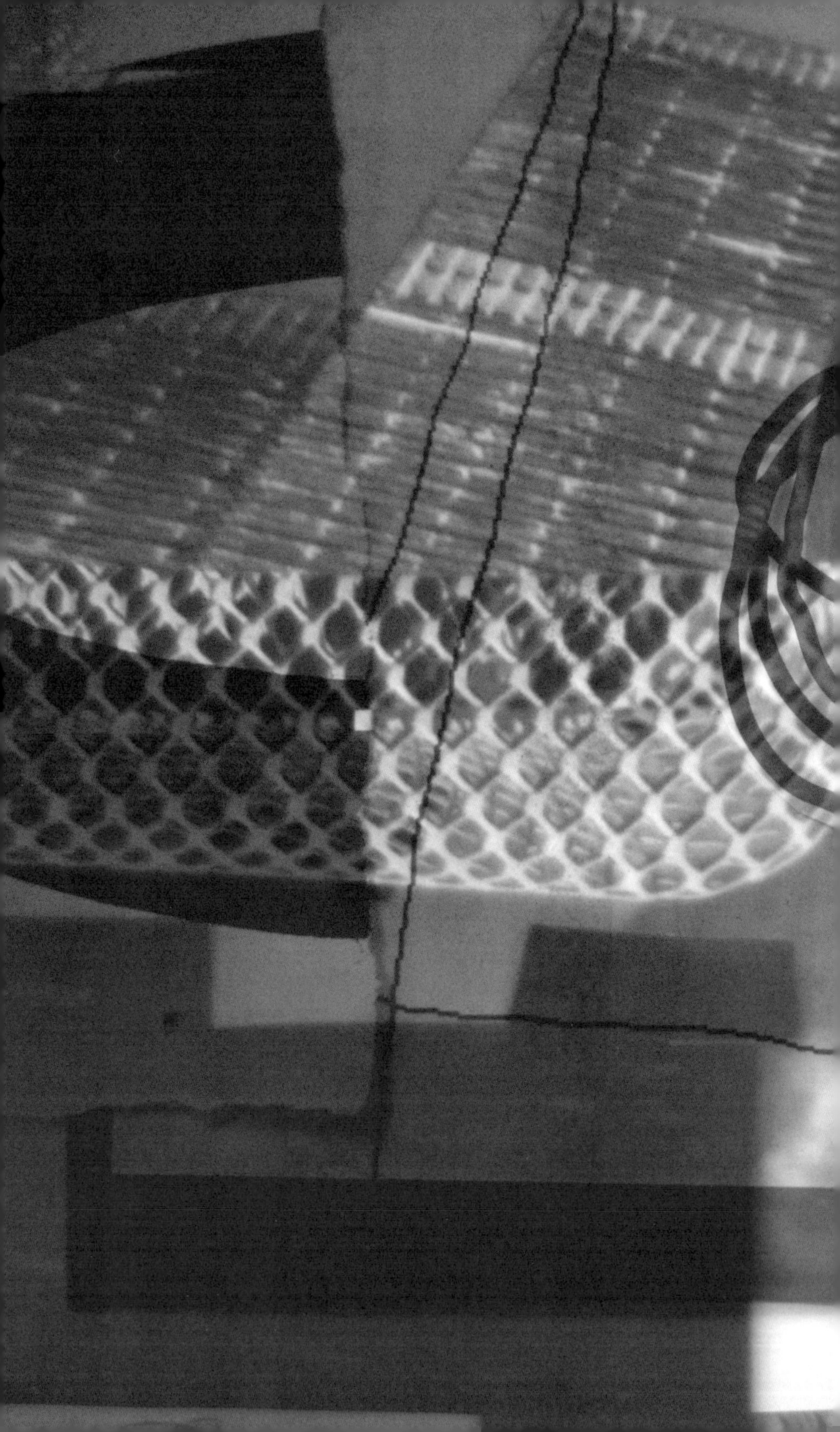

Lösungsfokussierte Führung im Überblick

1 Wirkungsvoller Führung auf der Spur

1.1 Wie nutzen Sie dieses Buch, um der Welt der lösungsfokussierten Führung auf die Spur zu kommen?

Dieses Buch ist ein Reiseführer, der Sie einlädt, die Welt der lösungsfokussierten Führung zu erkunden. Neben einem kompakten Überblick bietet es Ihnen praktische Handlungsinterventionen sowie Erfolgsgeschichten aus erprobter Praxis an, die Ihnen helfen, Ihre Führung wirkungsvoller zu gestalten. Starten Sie dort, wo es Sie am meisten interessiert, und entdecken Sie erste Spuren dieser neuen Welt so individuell wie Ihre eigene Führungssituation.

Wie wirkungsvoll ist Ihre Führung? Oder anders gefragt: Tun Sie das Richtige in Ihrem Führungsalltag? Diese beiden Fragen können nur die Beteiligten beantworten, das heißt Sie selber, Ihre Mitarbeitenden, Ihre Vorgesetzten und Ihre Anspruchsgruppen. Genauso individuell wie Ihre Situation sollte auch Ihre Führung sein. Sie sind die einzige Person, die genau in dieser Funktion mit Ihrer spezifischen Ausgangslage diese Mitarbeitenden führt. Sie als Führungskraft müssen entscheiden, welche Führungshandlungen Sie initiieren und was aus Ihrer Sicht geeignet ist. Sie tun dies nicht losgelöst, sondern sind in der Regel eingebettet in Ihrer Unternehmenskultur, den Erwartungen Ihrer Vorgesetzten und Anspruchsgruppen, Ihren eigenen Erfahrungen und den Erwartungen Ihres Teams. Diese Art der situativen Führung stellt sehr hohe Anforderungen an Sie, da Sie nicht mehr einfach das kopieren können, was Sie von früheren Vorgesetzten kennen, sondern selber individuelle Lösungen finden müssen.

Dieses Buch möchte Sie bei Ihren jetzigen und zukünftigen Führungsaufgaben unterstützen, indem es Ihnen ein neues Führungsverständnis mit pragmatischen Handlungen präsentiert, mit denen Sie Ihre Führungsfunktion wirkungsvoller gestalten können. Dank vielen praktischen Beispielen können Sie diese direkt in Ihrem Alltag umsetzen.

Wie bei Neuem nicht ungewöhnlich, kann es zu Beginn noch verwirrend sein. Das ist ungefähr so, wie wenn Sie ein neues Land bereisen mit einer ganz anderen Kultur. Vieles ist vielleicht ganz neu und Sie müssen sich zuerst einmal zurechtfinden. Oft ist aber auch das, was zunächst ähnlich scheint, auf den zweiten Blick überraschend unterschiedlich. Oder das, was ganz unterschiedlich aussieht, im Kern gleichartig. Mit diesem Reiseführer in die Welt der lösungsfokussierten Führung lade ich Sie ein, diesem neuen Führungsverständnis Schritt für Schritt auf die Spur zu kommen.

Teil 1 dieses Buches gibt Ihnen anhand von Leitfragen einen kompakten Überblick. Die einzelnen Abschnitte dieses Überblicks sind jeweils so aufgebaut, dass Sie zuerst *in kursiver Schrift* eine Kurzantwort auf die jeweilige Leitfrage finden, die anschließend ausführlicher beantwortet wird. Den Abschluss bildet eine Reflexionsfrage, die Sie anregen soll, über Ihre eigene Führung nachzudenken.

Zum Start möchte ich Ihnen in Abschnitt 1 die Reise schmackhaft machen und aufzeigen,

- warum es sich für Sie lohnen könnte, dieses Buch zu lesen (Abschnitt 1.2),
- weshalb es ein neues Führungsverständnis braucht (Abschnitt 1.3),
- weswegen und wie Sie das Engagement der Mitarbeitenden erhöhen sollten (Abschnitt 1.4),
- welche Führungsstile sich in Zukunft eignen (Abschnitt 1.5) und
- wie eine nichtwissende Haltung für Ihren zukünftigen Führungserfolg förderlich sein kann (Abschnitt 1.6).

In Abschnitt 2 erhalten Sie einen kompakten Überblick über das lösungsfokussierte Führungsverständnis. Ich erläutere Ihnen konkret,

- was mit Lösungsfokussierung genau gemeint ist (Abschnitt 2.1),
- welche Annahmen das lösungsfokussierte Führungsverständnis umfasst (Abschnitt 2.2),
- was lösungsfokussierte Führungskräfte effektiv tun und welche Werkzeuge sie verwenden (Abschnitt 2.3),
- welche Wirkung damit erzielt werden kann (Abschnitt 2.4) und
- wo diese Führungshaltung überall eingesetzt werden kann (Abschnitt 2.5).

Abschnitt 3 stellt die hauptsächlich verwendeten Werkzeuge praxisorientiert vor und zeigt Ihnen auf, wie Sie

- die Lösungsbereitschaft Ihrer Mitarbeitenden erhöhen und diese zur Lösungsfindung einladen (Abschnitt 3.1),

- die gewünschte Zukunft fokussieren, um effizient und effektiv Lösungen zu finden (Abschnitt 3.2),
- bereits Funktionierendes erkennen (Abschnitt 3.3),
- positive Aspekte stärken und Mitarbeitende mit Wertschätzung optimal unterstützen (Abschnitt 3.4),
- kleine nächste Schritte festlegen (Abschnitt 3.5),
- Experimente nutzen können, um den Lösungsfokus aufrechtzuerhalten (Abschnitt 3.6) und
- mit Skalen Erfolge messbar und nutzbar machen (Abschnitt 3.7).

Abschnitt 4 zeigt Ihnen auf, wie Sie die Werkzeuge im Rahmen eines lösungsfokussierten Gespräches einsetzen können. Obwohl Mitarbeitende diese Art der Führung in der Regel sehr schätzen, rät Ihnen Abschnitt 5, mit kleinen Schritten zu beginnen. Bauen Sie auf dem auf, was in Ihrer eigenen Führungspraxis funktioniert, und integrieren Sie diesen Ansatz dort, wo er für Sie Sinn macht.

Sind Sie auf der Suche nach konkreten Einsatzmöglichkeiten oder praktischen Handlungsideen? Dann wird Ihnen Teil 2 gefallen, denn dieser vertieft auf jeweils einer Doppelseite praxisorientiert einzelne Themen. Innerhalb weniger Minuten erhalten Sie so konkrete Anwendungsmöglichkeiten, die Sie direkt in die Praxis umsetzen können. Sind Sie zum Beispiel daran interessiert, wie Sie mit diesem Ansatz ▷ Mitarbeitendengespräche nutzen und ▷ Sitzungen wirkungsvoll gestalten? Oder wie Sie eine ▷ Wertschätzungskultur schaffen können? Vielleicht möchten Sie auch lösungsfokussierte ▷ Alltagsinteraktionen gestalten oder nützlichere ▷ Kritikgespräche führen. Möglicherweise finden Sie es wertvoll, Mitarbeitende bei Rückschlägen zu begleiten (▷ Rückschläge begleiten), oder Sie möchten Konflikte besser moderieren (▷ Konflikte moderieren). Ich bin überzeugt, dass Sie aus diesem reichen und von erfahrenen Führungskräften entwickelten Fundus direkt schöpfen können.

Wenn Sie wie ich gerne zuerst Erfolgsgeschichten aus der Praxis lesen und sich davon begeistern lassen wollen, dann ist Teil 3 genau das Richtige für Sie. Die sechs Geschichten zeigen unterschiedliche Einsatzmöglichkeiten, konkrete Interventionen und deren spezifische Auswirkungen aus der effektiven Praxis von lösungsfokussierten Führungskräften auf.

Wie einen Reiseführer können Sie auch dieses Buch ganz unterschiedlich lesen: Die einen starten am Anfang und lesen Abschnitt für Abschnitt durch. Andere suchen eine direkt umzusetzende Intervention für ein spezifisches Thema und starten mit Teil 2. Vielleicht möchten Sie sich in Abschnitt 2 «Das lösungsfokussierte Führungsverständnis» zuerst einen Überblick verschaffen und sich danach von den Erfolgsgeschichten in Teil 3 inspirieren lassen. Entdecken Sie diese neue Welt so, wie es für Sie stimmt, denn Sie sind Expertin für Ihr Lernen.

Wie bei Reiseberichten nicht ungewöhnlich, kann es geschehen, dass Ihnen gewisse Orte dieser Reise besonders gefallen und in Ihnen der Wunsch entsteht, diese Reise in Ihrer eigenen Führungspraxis tatsächlich ganz oder in Teilen zu erleben. Und, wer weiß? Vielleicht erzählen Sie bald selber von Ihren spannenden lösungsfokussierten Erlebnissen und begeistern damit auch andere.

Reflexionsfragen

Welche Auswirkungen auf Ihr Führungsverhalten wünschen Sie sich von diesem Buch?

1.2 Warum könnte es sich für Sie lohnen, dieses Buch zu lesen?

In diesem Buch lernen Sie ein neues Führungsverständnis kennen, das sich sehr gut für die aktuellen und zukünftigen Führungsherausforderungen eignet. Dieses Buch zeigt Ihnen, wie Sie mit kleinen, aber sehr effektiven Veränderungen Ihrer Denkhaltung und einer daraus resultierenden neuen Handlungsweise das vorhandene Potenzial Ihrer Mitarbeitenden optimal für die Lösungsfindung nutzen können.

Sie haben es wahrscheinlich schon bemerkt: Führung wird zunehmend herausfordernder, die Ansprüche an Sie als Führungskraft steigen. Die klassischen Führungsstile sind jedoch über Jahre gleich geblieben und berücksichtigen die anstehenden Herausforderungen kaum. Dies führt dazu, dass Führungskräfte nicht nur gefordert, sondern teilweise auch überfordert sind. Ein moderneres Führungsverständnis ist deshalb gefragt. In diesem Buch lernen Sie eine neue Art der Führung kennen, die diesen Entwicklungen Rechnung trägt.

Lösungsfokussierte Führung ist ein ausgeprägt aufgaben- und mitarbeitendenorientierter Führungsstil, der sich auf das Finden von Lösungen spezialisiert und dabei das gesamte Potenzial aller Beteiligten miteinbezieht. Dabei steht vor allem die nützliche Kommunikation zwischen der Führungskraft, den Mitarbeitenden sowie den Anspruchsgruppen im Zentrum.

Sie als Führungskraft zeichnen sich bei diesem Verständnis, vereinfacht formuliert, dadurch aus, dass Sie *die richtigen Fragen stellen* (Abschnitt 3 und Abschnitt 4, ▷ Lösungsfokussierte Fragen stellen), welche die Mitarbeitenden von der Problem- auf die Lösungsebene führen, indem Sie

- anstatt Probleme zu analysieren, auf die gewünschte Zukunft und nächste kleine Schritte fokussieren sowie
- das bereits Funktionierende und die vorhandenen Ressourcen Ihrer Mitarbeitenden sichtbar und nutzbar machen.

Eine wichtige Kompetenz der Führungskraft ist dabei das Einnehmen einer nichtwissenden Haltung, welche die Lösungsideen der Mitarbeitenden ins Zentrum stellt. Fragen dienen bei diesem Ansatz in erster Linie dazu, beim Gegenüber eine nützliche Reflexion auszulösen, neue Handlungsmöglichkeiten zu entdecken und Fortschritte zu erzielen.

Die Wirkung, die mit lösungsfokussierter Führung erzielt werden kann, ist vielfältig (Abschnitt 2.4). Im «Solution Focused Leadership Survey» zum Beispiel, einer weltweit durchgeführten Umfrage zu lösungsfokussierter Führung, berichteten die befragten Führungskräfte, dass sie aufgrund des neuen Führungsverständnisses bessere Resultate erzielen, ein verändertes positives Verhalten der Mitarbeitenden sehen und ein größeres Wohlbefinden in ihrer Führungsfunktion erleben (Godat, 2013a).

Mit lösungsfokussierter Führung erhöhen Sie nicht nur Ihre Effektivität, sondern auch Ihre Führungs-Kraft als Führungskraft!

Reflexionsfragen

Was unternehmen Sie bereits heute, um das gesamte Potenzial Ihrer Mitarbeitenden für die Lösungsfindung nutzbar zu machen?

1.3 Weshalb braucht es überhaupt ein neues Führungsverständnis?

Es braucht ein neues Führungsverständnis, weil die klassischen Führungsstile der komplexen und zunehmend anspruchsvolleren Welt nicht mehr gerecht werden. Mit lösungsfokussierter Führung erhöhen Sie Ihre Effektivität als Führungskraft in kurzer Zeit und bewegen sich leichtfüßiger und wirkungsvoller in der wachsenden Dynamik.

Die Welt scheint sich schneller zu drehen als früher. Führung ist komplexer geworden und die Ansprüche an Führungskräfte steigen stetig. In vielen Bereichen hat die Konkurrenzsituation mit der fortschreitenden Globalisierung stark zugenommen. Neue Kommunikationsformen erlauben und fordern raschere Entscheidungszyklen. Wissen ist zwar jederzeit zugänglich, doch es verändert sich auch sehr schnell. Was heute noch richtig scheint, ist morgen schon überholt.

Neben der Geschwindigkeit hat aber auch die Erwartungshaltung der Anspruchsgruppen stark zugenommen. Nicht nur Kunden erwarten berechtigterweise eine Topleistung, auch Arbeitnehmende sind anspruchsvoller geworden. Zudem fordert die Öffentlichkeit zunehmend soziale Verantwortung von Unternehmen ein. Und es ist nicht anzunehmen, dass sich diese Dynamik in naher Zukunft abschwächen wird.

Führungskräfte sind damit bereits heute stark gefordert. Die demografischen Strukturen vieler westlicher Länder legen jedoch nahe, dass sich die Führungsherausforderungen in Zukunft nochmals verschärfen. Aufgrund der geringen Geburtenrate der letzten drei Jahrzehnte werden zunehmend Fach- und Führungskräfte fehlen. Dies erhöht den Druck auf Arbeitgeber und bestehende Führungskräfte: Der Kampf um Arbeitnehmende spitzt sich weiter zu, Unternehmen müssen attraktive Arbeitsplätze anbieten, und Führungsspannen werden wohl zunehmend größer, da Führungskräfte fehlen. Wird der Arbeitskräftemangel durch Mitarbeitende aus bevölkerungsreichen Ländern kompensiert, nimmt die kulturelle Vielfalt zu, was eine erhöhte interkulturelle Kompetenz der Vorgesetzten verlangt.

Die klassischen Führungsstile wurden in einer ganz anderen Zeit erfunden und tragen diesen Dynamiken noch kaum Rechnung. Deshalb sind Führungskräfte nicht nur gefordert, sondern oft auch überfordert. Es ist zunehmend schwieriger, in Führungsfunktionen längerfristig zufrieden und gesund zu bleiben.

Ein neues Führungsverständnis ist notwendig, das

- der zunehmenden Geschwindigkeit,
- den schnelleren Entscheidungszyklen,
- der geringeren Halbwertszeit von Wissen,
- den anspruchsvolleren Anspruchsgruppen sowie
- der demografischen Entwicklung mit größeren Führungsspannen, höheren Erwartungen der Arbeitnehmenden und zunehmender Interkulturalität

gerecht wird und längerfristig die Wettbewerbsfähigkeit des Unternehmens sowie die Leistungsfähigkeit der Mitarbeitenden und Führungskräfte sichert.

Wie Sie in Abschnitt 2 sehen werden, wird lösungsfokussierte Führung diesen Aspekten auf erstaunlich einfache Art gerecht. Für einige von Ihnen knüpft dieses neue Führungsverständnis nahtlos an Ihr bisheriges an. Für andere wiederum wird es auf den ersten Blick vielleicht überraschend sein, und es braucht eine höhere Bereitschaft, sich darauf einzulassen.

Reflexionsfragen

Welche Aspekte Ihres Führungsverständnisses passen bereits gut zu den aktuellen und zukünftigen Herausforderungen Ihrer Funktion?

1.4 Weswegen und wie sollten Sie das Engagement der Mitarbeitenden fördern?

Sie sollten das Engagement der Mitarbeitenden fördern, weil Unternehmen mit engagierteren Mitarbeitenden nicht nur eine bessere Gesamtleistung erzielen, sondern auch besonders gut für die zukünftigen demografischen Herausforderungen gerüstet sind. Mitarbeitende schätzen einen klaren Rahmen, möchten zum Erfolg beitragen sowie anerkannt und gefördert werden. Lösungsfokussierte Führung berücksichtigt all dies und kann so das Engagement der Mitarbeitenden maßgeblich erhöhen.

Mitarbeitende sind das wichtigste Gut, um die Wettbewerbsfähigkeit von Unternehmen sicherzustellen. Dieser Glaubenssatz wurde in den letzten Jahren von Wirtschaftsvertretern immer wieder betont. In vielen Unternehmen haben deshalb Konzepte Hochkonjunktur, die sich um das Gewinnen, das Entwickeln und das Binden von Mitarbeitenden kümmern. Doch spielen Mitarbeitende wirklich so eine wichtige Rolle? Ja, jedoch nur, wenn sie engagiert ihre Leistungsfähigkeit für das Unternehmen einsetzen wollen und können.

Wissenschaftliche Studien zum Thema Employee Engagement[1] zeigen auf, dass Unternehmensbereiche mit höherem Engagement der Mitarbeitenden eine signifikant bessere Gesamtleistung erzielen. Diese Unternehmensbereiche weisen zum Beispiel nicht nur eine höhere Kundenloyalität aus, sind profitabler und produktiver, haben eine geringere Fluktuation sowie niedrigere Absenzquoten, sondern produzieren auch in einer besseren Qualität (Harter et al. 2009, 3).

Ein hohes Employee Engagement macht einen bedeutenden Unterschied. Doch wie kann dieses erhöht werden? Die Forschungsresultate von Gallup, einem internationalen Beratungsunternehmen, über die letzten dreißig Jahre zeigen, dass es vor allem durch die direkte Führung beeinflusst wird.

Mitarbeitende wollen

- einen wichtigen Beitrag zum Unternehmenserfolg leisten
- von ihren Vorgesetzten als Menschen anerkannt werden,

1 *Employee Engagement* versucht die Frage zu beantworten, was Mitarbeitende brauchen, um hoch engagiert und zufrieden die maximale Leistung abrufen zu können und zu wollen.

- in ihrer Entwicklung gefördert werden sowie
- einen klaren, verbindlichen Rahmen vorfinden, in welchem ihre Arbeitskollegen ebenfalls eine hohe Qualität erbringen wollen.

Für die meisten Führungskräfte klingen diese vier Punkte überzeugend, vor allem dann, wenn sie sich überlegen, unter welchen Umständen sie selber ihr höchstes Engagement erbringen. Dennoch werden diese in den klassischen Führungsstilen nur teilweise berücksichtigt. Gallup geht in seinem Engagement Index 2012 davon aus, dass aufgrund von inneren Kündigungen alleine in Deutschland volkswirtschaftliche Kosten von bis zu 124 Milliarden Euro pro Jahr entstehen (Gallup, 2013).

Ein Führungsstil, der das Engagement der Mitarbeitenden fördern will, muss entsprechend mitarbeitendenorientiert sein (Mitarbeitende anerkennen, in ihrer Entwicklung fördern und Verantwortung übertragen, sodass sie einen Beitrag zum Unternehmenserfolg leisten können) und gleichzeitig eine hohe Aufgabenorientierung aufweisen (einen klaren verbindlichen Rahmen mit einem hohen Qualitätsanspruch schaffen).

Lösungsfokussierte Führung deckt dies vollumfänglich ab. Führungskräfte mit einem lösungsfokussierten Führungsverständnis sehen ihre Mitarbeitenden als Experten für die eigene Aufgabe und übergeben ihnen die entsprechende Verantwortung (Abschnitt 2.2). Mitarbeitende können so maßgeblich zum Unternehmenserfolg beitragen. Sie werden von ihren Vorgesetzten wertgeschätzt und gefördert (Abschnitt 2.2, Abschnitt 3.4). Zudem schaffen lösungsfokussierte Führungskräfte einen klaren Rahmen, indem sie Mitarbeitende zur Lösungsfindung einladen (Abschnitt 3.1), auf die gewünschte Zukunft fokussieren (Abschnitt 3.2), das bereits Funktionierende für die Lösungsfindung nutzbar machen (Abschnitt 3.3) und kleine Schritte ermöglichen (Abschnitt 3.5).

Die fünf Erfolgsgeschichten aus der Praxis in Teil 3 zeigen ebenfalls auf, wie sich dank lösungsfokussierter Führung das Engagement der Mitarbeitenden steigern lässt.

Reflexionsfragen

Was machen Sie bereits heute erfolgreich, um das Engagement Ihrer Mitarbeitenden zu fördern? Wie merken Ihre Mitarbeitenden dies?

1.5 Welche Führungsstile eignen sich besonders gut in Zukunft?

Um zukünftig erfolgreich zu sein, müssen sich Führungsstile noch mehr auf die Mitarbeitenden ausrichten und gleichzeitig zielorientierter werden. Lösungsfokussierte Führung erfüllt beides in einem hoch ausgeprägten Maß und eignet sich deshalb besonders gut für eine Welt mit wachsenden Ansprüchen und zunehmender Dynamik.

Um engagierte Mitarbeitende anzuziehen und längerfristig zu binden, sollten moderne Führungsstile einerseits sowohl eine hohe Mitarbeitendenorientierung als auch eine hohe Aufgabenorientierung aufweisen (Abschnitt 1.4). Andererseits müssen sie der komplexen dynamischen Welt gerecht werden (Abschnitt 1.3).

Wenn Sie die Führungsliteratur der letzten Jahrzehnte betrachten, fällt jedoch auf, dass die meisten klassischen Führungsstile entweder vorwiegend die Aufgabenorientierung ins Zentrum stellen (zum Beispiel der autoritäre oder der heroische Führungsstil) oder als Abgrenzung dazu die Mitarbeitendenorientierung betonen (zum Beispiel der karitative oder dienende Führungsstil). Zudem gibt es solche, die auf keine der beiden Dimensionen eingehen (zum Beispiel der Laisser-faire-Führungsstil).

Klassische Führungsstile:

- Autorität: Führungskräfte bestimmen und die Mitarbeitenden führen aus.
- Heroisch: Führungskräfte gehen als «Helden» voraus und die Mitarbeitenden (haben zu) folgen.
- Karitativ: Führungskräfte kümmern sich vorwiegend um die Mitarbeitenden und deren Wohl.
- Dienend: Führungskräfte stellen sich in den Dienst der Mitarbeitenden.
- Laisser-faire: Führungskräfte lassen die Mitarbeitenden einfach machen.
- Kooperativ: Führungskräfte fokussieren auf das Wohl der Mitarbeitenden und die zu erledigenden Aufgaben.

Obwohl diese Führungsansätze in gewissen Situationen durchaus Sinn machen können, eignen sich der autoritäre, der heroische, der karitative, der dienende sowie der Laisser-faire-Führungsstil in der heutigen Zeit nicht mehr als erfolgversprechender Führungsrahmen.

Abb. 1: Führungsstile im Spektrum der Mitarbeitenden- und Aufgabenorientierung

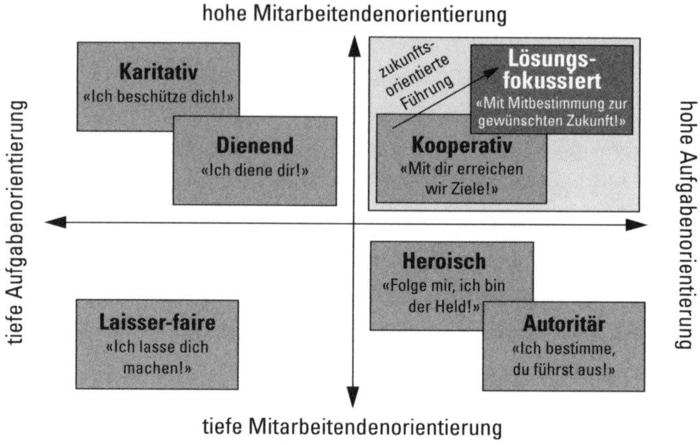

Die dynamische Welt mit ihren erhöhten Ansprüchen an Unternehmen sowie der zunehmende Bedarf an engagierten Mitarbeitenden fordern von den Führungskräften je länger, je mehr ein kooperatives Führungsverständnis, das sowohl die Mitarbeitenden als auch die anstehenden Aufgaben ins Zentrum stellt (vgl. Abbildung 1).

Lösungsfokussierte Führung wird diesem Anspruch besonders gut gerecht, da sie sowohl eine hohe Mitarbeitenden- als auch eine ausgeprägte Aufgabenorientierung aufweist, indem Vorgesetzte

- auf der Ebene der *Mitarbeitendenorientierung*
  - Mitarbeitende als Experten für den eigenen Arbeitsbereich und die entsprechenden Lösungen sehen (Abschnitt 2.2, Abschnitt 3.2);
  - die Erfahrungen der Mitarbeitenden und das bereits Funktionierende einbeziehen (Abschnitt 2.2, Abschnitt 3.3);
  - die Mitarbeitenden ernst nehmen und wertschätzen (Abschnitt 2.2, Abschnitt 3.4);
- auf der Ebene der *Aufgabenorientierung*
  - auf Lösungen anstatt Probleme fokussieren (Abschnitt 2.2);
  - die Lösungsbereitschaft erhöhen und die Mitarbeitenden zur Lösungsfindung einladen (Abschnitt 3.1);
  - mit den Mitarbeitenden auf die gewünschte Zukunft fokussieren (Abschnitt 3.2);

- bereits Funktionierendes sichtbar machen und dies durch positive Rückmeldungen stärken (Abschnitt 3.3, Abschnitt 3.4);
- auf kleine, realistische Umsetzungsschritte achten, um die Erfolgswahrscheinlichkeit zu erhöhen (Abschnitt 3.5).

Lösungsfokussierte Führung steht mit ihren Anliegen nicht alleine da. Die Ansätze der Transformationalen Führung, der Appreciative Inquiry (AI) sowie der Positive Leadership betonen ähnliche Elemente (▷ Verwandte Führungsstile entdecken).

Reflexionsfragen

Woran werden Sie in Zukunft merken, dass Ihr Führungsverständnis mitarbeitenden- und zugleich aufgabenorientierter geworden ist?

1.6 Wie kann eine nichtwissende Haltung Ihren zukünftigen Führungserfolg erhöhen?

Führungskräfte können ihre nichtwissende Haltung nutzen, um die Ressourcen aller optimal zum Tragen zu bringen und so den Erfolg zu erhöhen. Doch dazu müssen sie ihre Mitarbeitenden als Experten für ihren eigenen Arbeitsbereich anerkennen und wirken lassen.

Führung wird immer noch stark mit Expertenwissen in Verbindung gebracht. Viele Führungskräfte waren zuvor als Mitarbeitende auch dank ihres Fachwissens erfolgreich. Nicht selten ist dies neben einer gut ausgeprägten Sozialkompetenz das Hauptkriterium bei einer Beförderung. In der Führungsfunktion angekommen, versuchen sich Führungskräfte oft weiterhin als Fachexpertinnen und -experten zu behaupten. Dies ist jedoch äußerst schwierig, da sich ihr Aufgabengebiet von der Fachtätigkeit weg hin zu einer Führungs-, Organisations- und Koordinationsfunktion bewegt.

Wenn Sie Mitarbeitende führen, die alle die gleiche Aufgabe haben, welche sich über die Zeit nur wenig verändert, mag dies noch eine Weile gehen. Sie werden aber auch dort rasch feststellen, dass sich die Aufgaben der Mitarbeitenden sukzessive verändern und Sie je länger, je weniger im Detail darüber Bescheid wissen. Bei heterogenen Aufgabengebieten, großen Führungsspannen, dynamischen Arbeitsgebieten und sich verändernden Ansprüchen wird dies noch schwieriger. Die zunehmende Komplexität und Dynamik sowie der drohende Führungskräftemangel mit wahrscheinlich wachsenden Führungsspannen legen nahe, dass dies in Zukunft noch unmöglicher wird.

Reflexionsfragen

Wie gut kennen Sie das genaue Aufgabengebiet, die tagtäglichen Tätigkeiten und Arbeitsschritte sowie das effektive Netzwerk all Ihrer Mitarbeitenden auf einer Skala von 1 (kaum) bis 10 (vollumfänglich)? Wo stehen Ihre Mitarbeitenden auf dieser Skala?

Mitarbeitende sind oft Expertinnen und Experten für ihre spezifische Tätigkeit. Sie kennen die genauen Abläufe, die Arbeitsmethoden, die Instrumente, die Systeme und alles, was dazugehört, meist besser als ihre Vorgesetzten. Wenn Sie als Führungskraft die gleiche Expertise beibehalten wollen wie Ihre Mitarbeitenden, dann müssen Sie zwangsläufig die Funktionen all Ihrer Mitarbeitenden ausüben. Dies ist aber weder sinnvoll noch möglich.

Wofür können Sie dann noch Expertin oder Experte sein? Für Ihre Führungsfunktion! Sie kennen diese Funktion mit den tagtäglichen Arbeitsabläufen, den Anforderungen und den Herausforderungen am besten.

Um die Stärken aller optimal zum Tragen zu bringen, ist es deshalb unausweichlich, dass Sie die Mitarbeitenden als Expertinnen und Experten für ihren eigenen Arbeitsbereich anerkennen. Dies ermöglicht nicht nur bessere Lösungen, sondern kann auch das Engagement der Mitarbeitenden erhöhen, da diese einen wesentlichen Beitrag leisten können und wertgeschätzt werden.

Die wesentliche Kompetenz, die Führungskräfte dafür aufbauen müssen, klingt auf den ersten Blick paradox: Sie müssen eine nichtwissende Haltung einnehmen.

Führungskräfte, die sich als Expertinnen und Experten für alle Fachbereiche sehen, hören den Mitarbeitenden in der Regel nicht so gut zu, meinen oft, die Lösung bereits zu kennen, und versuchen die Mitarbeitenden davon zu überzeugen. Dies ist sehr schade, da auf diese Art häufig nur suboptimale Lösungen zustande kommen. Deshalb sollten Führungskräfte lernen, eine Haltung des Nichtwissens einzunehmen und die Mitarbeitenden nach ihrer Expertise und ihrer Wahrnehmung der Situation zu befragen:

- Wie sehen die Mitarbeitenden die Situation?
- Welche Ziele möchten die Mitarbeitenden in der aktuellen Situation erreichen?

- Was funktioniert aus ihrer Sicht bereits gut?
- Was waren in der Vergangenheit die Erfolgsrezepte der Mitarbeitenden?
- Wie haben sie ähnliche Situationen gelöst?
- Was stimmt die Mitarbeitenden zuversichtlich, dass sie einen Schritt weiterkommen?
- Woran werden die Mitarbeitenden merken, dass sie Fortschritte erzielt haben?
- Welche nächsten Schritte sind aus Sicht der Mitarbeitenden sinnvoll?

Mitarbeitende, die dies noch nicht gewohnt sind, brauchen allenfalls eine Weile, um sich darauf einzulassen (Abschnitt 3.1). Dies ist auch nicht überraschend: Bis anhin hat ihnen oft jemand gesagt, was das Beste ist, sodass sie ihre diesbezüglichen Kompetenzen kaum nutzen mussten. Sind sich Mitarbeitende dies jedoch gewohnt, werden Sie als Führungskraft mit großer Wahrscheinlichkeit ziemlich beeindruckt sein, was Ihre Mitarbeitenden alles wissen und welche Lösungen so zustande kommen. Oft sind diese viel besser als diejenige, die sich die Führungskraft ausgedacht hat. Und zusätzlich erhalten die Mitarbeitenden die verdiente Wertschätzung.

Das heißt nicht, dass Sie keinen inhaltlichen Beitrag zur Lösungsfindung beisteuern können. Natürlich dürfen Sie dies weiterhin tun. Ich möchte Ihnen jedoch nahelegen, Ihre Mitarbeitenden als Expertinnen und Experten für ihren Aufgabenbereich wahrzunehmen und Ihre fachlichen Inputs und Ihre Perspektive als Führungskraft mit dem Wissen Ihrer Mitarbeitenden zu verbinden. Dadurch können fundiertere und nachhaltigere Lösungen entstehen, die von den Mitarbeitenden mitgetragen und oft sehr motiviert umgesetzt werden. Auf diese Weise nutzen Sie die Ressourcen aller wirkungsvoll und erhöhen damit die Wahrscheinlichkeit Ihres Führungserfolges substantiell.

Reflexionsfragen

Woran werden Ihre Mitarbeitenden im nächsten Gespräch feststellen, dass Sie Ihre nichtwissende Haltung optimal einsetzen?

2 Das lösungsfokussierte Führungsverständnis

2.1 Was ist mit Lösungsfokussierung gemeint?

Lösungsfokussierung ist eine Denkhaltung und Verhaltensweise, die sich auf die optimale Lösungsfindung ausrichtet. Durch Veränderung des Blickwinkels von der Problem- auf die Lösungsebene werden Veränderungen schneller und besser möglich. Sie fokussiert dabei auf das bereits Funktionierende, nützliche Ausnahmen, die gewünschte Zukunft, eine lösungsförderliche Sprache und kleine nächste Schritte.

Obwohl die Grundlagen der Lösungsfokussierung bereits in den achtziger Jahren gelegt wurden, ist dieser Begriff im Alltagssprachgebrauch noch kaum geläufig. Deshalb lohnt es sich, ihn genauer zu betrachten und auszuformulieren.

Der lösungsfokussierte Ansatz wurde ursprünglich von Insoo Kim Berg und Steve de Shazer sowie deren Team für den Bereich der Familientherapie entwickelt (▷ Geschichte erfahren). Dank der hohen Nützlichkeit und der schnellen Lösungsfindung hat er sich nach und nach als Coaching- sowie Beratungsansatz in Organisationen etabliert und wird zunehmend auch in der Führung erfolgreich angewendet.

Der englischsprachige Fachbegriff «Solution(s) Focused» wird auf Deutsch entweder mit «lösungsorientiert» oder «lösungsfokussiert» übersetzt. Da das Wort *«Lösungsorientierung»* in der Alltagssprache zwar gebräuchlich ist, jedoch etwas anderes meint[1], wird hier ausschließlich der Begriff *«Lösungsfokussierung»* verwendet.

Doch was ist mit Lösungsfokussierung genau gemeint? «Mehr als ein Wunder», das letzte Buch, an dem Steve de Shazer als Autor mitgearbeitet hat und welches seine Arbeit abrundet, gibt einen guten Überblick über die generellen Grundsätze lösungsfokussierten Denkens (de Shazer/Dolan, 2013):

1 Unter einer lösungsorientierten Person wird im Alltagssprachgebrauch oft jemand verstanden, der Probleme selber lösen kann, während im Verständnis dieses Buches jemand gemeint ist, der andere durch Fragen, die zu Reflexionen anregen, zu eigenen Lösungen führen kann.

- Was nicht kaputt ist, muss man auch nicht reparieren.
- Wenn etwas nicht funktioniert, sollte man etwas anderes probieren.
- Das, was funktioniert, sollte man häufiger tun.
- Kleine Schritte können zu großen Veränderungen führen.
- Die Lösung hängt nicht zwangsläufig mit dem Problem direkt zusammen.
- Die Sprache der Lösungsentwicklung ist eine andere als die, die zur Problembeschreibung notwendig ist.
- Kein Problem besteht ohne Unterlass: Es gibt immer Ausnahmen, die genutzt werden können.
- Die Zukunft ist sowohl etwas Geschaffenes als auch etwas Verhandelbares.

Diese Grundsätze, die auf den ersten Blick logisch, klar und fast zu einfach klingen, entfalten erst bei genauerer Betrachtung das volle Potenzial für Ihre Führung.

Was nicht kaputt ist, muss man auch nicht reparieren.

Würden Sie Ihr Auto in die Reparatur bringen, obwohl es nicht kaputt ist? Wahrscheinlich kaum.

In Unternehmen ist dieses Phänomen jedoch gar nicht so selten. Funktionierende Strukturen werden in Umstrukturierungen zerstört und etablierte Prozesse werden mit Hilfe von innovativen Beratungsunternehmen zerstückelt oder verkompliziert. Viele von Ihnen spüren nun vielleicht den Drang, zu intervenieren und mir mitzuteilen, dass Sie dies nie tun würden. Falls Sie diesen Drang verspüren, lohnt es sich, genau hinzuschauen: Welche Veränderungsprozesse finden momentan statt? Welche «Reparaturen» an eigentlich Funktionierendem sind im Moment bei diesen Veränderungen im Gang? Welches Verhalten von Mitarbeitenden wollen Sie ändern, obwohl damit eigentlich eine gute Leistung erzielt wird?

«Das Potenzial der Raupe kann nicht mit Flugstunden erreicht werden, sondern nur durch die Entwicklung zum Schmetterling.»
Unbekannt

Dieser Grundsatz bedeutet nicht, dass keine Entwicklung stattfinden soll, sondern lediglich, dass es sich lohnt, genau hinzuschauen, zu erkennen, was funktioniert, und dies auch wertzuschätzen. Auf diese Weise bleibt mehr Zeit und Energie, um das zu verändern, was nicht oder nicht gut funktioniert. Zudem haben Sie mit dem bereits Funktionierenden ein zentrales Werkzeug, das Sie einsetzen können, um zukünftige Fortschritte einfacher zu erzielen (Abschnitt 3.3).

Das, was funktioniert, sollte man häufiger tun.

Wie viel Prozent aller Tätigkeiten, die tagtäglich in Ihrem Team erledigt werden, funktionieren gut? Oft ist die erste spontane Antwort eine Zahl knapp über 50%. Wäre dies wirklich der Fall, gäbe es Ihr Unternehmen wahrscheinlich nicht mehr. Wenn jeder zweite Kunde unzufrieden, jede zweite E-Mail nicht lesbar, jeder zweite Systemeintrag fehlerhaft und jede zweite Sitzung nutzlos wäre, dann hätten Sie ein riesiges Problem. Oft funktioniert weit mehr.

Um dies klarer zu machen, verwende ich meist folgendes Beispiel: Stellen Sie sich vor, Sie gehen am Abend nach der Arbeit nach Hause mit dem Gefühl, einen schlechten Tag erwischt zu haben. Wenn Sie sich nun auf dem Sofa sitzend fragen, was an diesem Tag eigentlich alles funktioniert hat, werden Sie feststellen, dass dies der überwiegende Teil ist. Der Wecker hat zur richtigen Zeit geklingelt. Sie konnten Ihre Augen öffnen und sich noch bewegen. Sie hatten eine warme Dusche und sogar noch Frühstück. Sie sind zur richtigen Zeit losgefahren. Ihr Fahrzeug hat funktioniert. Sie hatten keinen Unfall. Sie sind rechtzeitig zur Arbeit erschienen. Die Schiebetür hat sich geöffnet, Ihre Kollegen haben Sie begrüßt und noch tausend andere Dinge haben funktioniert. Zwei Gespräche verliefen jedoch vielleicht nicht nach Wunsch. Obwohl das Verhältnis tausendundelf zu zwei respektive 99,8% beträgt, bewerten Sie den Tag negativ.

«Wenn es funktioniert, mach mehr davon. Wenn das, was du tust, nicht funktioniert, dann mach etwas anderes.»
Steve de Shazer

Dies alleine schon zu erkennen, relativiert vieles. Und das heißt nicht, dass das Nichtfunktionierende nicht relevant ist. Es kann sogar sehr entscheidend sein. Es bedeutet lediglich, dass wir trainiert sind, das Nichtfunktionierende besser zu erkennen. Und dies, obwohl es viel einfacher ist, mehr von dem zu tun, was bereits funktioniert, als das, was nicht funktioniert, zu beheben. In unserem Beispiel mit den zwei schwierigen Gesprächen lohnt es sich, zu schauen, was in diesen und in anderen Gesprächen in der Vergangenheit funktioniert hat, um in zukünftigen Gesprächen mehr von dem zu machen. Da Sie das funktionierende Verhalten bereits beherrschen, ist dies viel einfacher, schneller und oft nachhaltiger, als komplett neues Verhalten zu erfinden (Abschnitt 3.3).

Wenn etwas nicht funktioniert, sollte man etwas anderes probieren.

Wir können in der Regel Defizite und Nichtfunktionierendes bei anderen gut und einfach identifizieren. Leider kommt es trotzdem gar nicht selten vor, dass wir eigenes problematisches oder fehlerhaftes Verhalten oft länger beibehalten oder noch verstärken – ganz nach dem Motto: Wenn etwas nicht funktioniert, musst du dich noch mehr anstrengen. Dieses Verhalten führt vielfach dazu, dass sich Situationen verhärten und sich Probleme verschärfen. Dabei ist es viel effektiver, etwas anderes auszuprobieren, vor allem, wenn dies auf bereits Funktionierendem und den Stärken der Beteiligten aufbaut (Abschnitt 3.6).

«Inmitten von Schwierigkeiten liegen oft Möglichkeiten.»
Albert Einstein

Kleine Schritte können zu großen Veränderungen führen.

Gleich wie bei der Metapher mit dem Funken, aus dem eine mächtige Flamme entstehen kann, beginnen auch die größten Veränderungen mit einem ersten kleinen Schritt. Ist dieser klein genug und realistisch, steigt die Wahrscheinlichkeit maßgeblich, dass dieser auch tatsächlich umgesetzt wird. Wenn dieser erste Schritt funktioniert, gibt er uns Motivation für weitere kleine Schritte, die schlussendlich die Welt verändern können. Ist der definierte nächste Schritt zu groß, kann es sein, dass dieser nie in die Tat umgesetzt wird. Deshalb ist es sinnvoller, kleine nächste Schritte festzulegen.

«Eine mächtige Flamme entsteht aus einem winzigen Funken.»
Steve de Shazer

In der Vergangenheit mögen langfristige Aktionspläne noch funktioniert haben. Aufgrund der hohen Dynamik sind diese heutzutage bereits nach sehr kurzer Zeit überholt. Der große Aufwand der langfristigen Detailplanung lohnt sich deshalb selten. Oft wird außerdem erst spät erkannt, dass die Welt bereits in eine andere Richtung unterwegs ist und die Planung bereits vor einiger Zeit hätte angepasst werden müßen. Es ist auch logisch, dass es nicht einfach ist, sich von der Planung zu verabschieden, da wir ja so viel dafür investiert haben.

In der lösungsfokussierten Denkweise ist es sinnvoller, wenige kleine nächste Schritte einzuleiten, die Auswirkungen zu beobachten und aufgrund der neuen Ausgangslage weitere kleine Schritte durchzuführen (Abschnitt 3.5).

Die Lösung hängt nicht zwangsläufig mit dem Problem direkt zusammen.

In unserem Kulturkreis haben wir gelernt, dass Problemanalyse und somit das Verstehen des Problems für die Lösungsfindung wichtig sei. Problem und Lösung scheinen in dieser linearen Logik direkt zusammenzuhängen. Dies funktioniert gut bei einfachen, klar berechenbaren Themen.

«Kein Problem kann durch dasselbe Bewusstsein gelöst werden, durch welches es kreiert wurde.»
Albert Einstein

Wenn die Toilettenspülung zum Beispiel kaputt ist, dann ist es gut, in den Spülkasten zu schauen und zu analysieren, warum sie nicht mehr funktioniert, und anschließend das kaputte Element zu reparieren oder zu ersetzen.

Bei sozialen Systemen funktioniert dies aufgrund der Komplexität nicht mehr. Ursache und Wirkung sind aufgrund der vielschichtigen wechselseitigen Beeinflussungen nicht eruierbar. Es gibt zum Beispiel Tausende von möglichen Gründen für Ihr Verhalten. Je nachdem, wen Sie fragen oder unter welchem Blickwinkel Sie die Situation betrachten, erhalten Sie eine andere Antwort. Eine objektiv richtige gibt es nicht, auch wenn Sie sich Jahrzehnte damit befassen.

Die lösungsfokussierte Denkweise lehnt die lineare Sichtweise ab: Die Lösung ist etwas anderes als das Problem. Die Lösung ist vielmehr ein gewünschter Zustand, der auch unabhängig von der Problemsituation definiert und erreicht werden kann (Abschnitt 3.2).

Wenn wir das Problem analysieren in der Hoffnung, den Weg zur Lösung zu finden, dann ist das in etwa so, als würden wir versuchen, mit dem Auto ein Ziel zu finden, indem wir konstant in den Rückspiegel schauen. Anstatt Probleme zu analysieren, setzen wir uns besser mit dem gewünschten Zustand respektive der gewünschten Lösung auseinander und nehmen so einen Lösungsfokus ein. Wenn Sie wissen, wo Sie hinwollen, ist der Weg dorthin meist gar nicht mehr so schwierig zu finden.

Es braucht eine Verschiebung vom Problem- hin zu einem neuen Lösungsbewusstsein. Konzentrieren wir uns auf die Lösung und nicht auf das Problem, dann werden wir von Problem- zu Lösungsexpertinnen und -experten.

Die Sprache der Lösungsentwicklung ist eine andere als die, die zur Problembeschreibung notwendig ist.

Da sich Lösung und Problem unterscheiden, verwenden wir auch eine andere Sprache bei der Lösungsentwicklung. Bei der Problembeschreibung werden beispielsweise Worte wie Ursache, Diagnose, Schwierigkeiten und Schwächen verwendet. Diese Begriffe erhöhen die Handlungsfähigkeit kaum. Im Gegenteil: Es entsteht vielmehr der Eindruck, dass das Problem größer und größer wird.

«Problemsprache schafft Probleme, Lösungssprache Lösungen.»
Steve de Shazer

Sie haben dies vielleicht auch schon festgestellt: Je mehr Sie über das Problem sprechen, desto auswegsloser scheint die Situation. Sie sehen mehr und mehr Hindernisse. Sie sperren sich selber im eigenen (Gedanken-)Gefängnis ein und sehen kaum mehr einen Ausweg.

Um dies zu testen, können Sie einen einfachen Selbstversuch wagen: Schildern Sie jemandem eines Ihrer Probleme und beauftragen Sie die andere Person, nur Warum-Fragen zu stellen: «Warum ist das Problem entstanden? Warum hast du es nicht schon gelöst? Warum …?» Nach drei Minuten stoppen Sie die Übung und beauftragen Ihr Gegenüber, nur Wie-Fragen zu stellen: «Wie möchtest du dies angehen? Wie könnte eine Lösung aussehen? Wie …?»

Dieser Selbstversuch zeigt eindrücklich, dass Lösungssprache andere Wörter verwendet. Sie setzen sich bei der Lösungsfindung zum Beispiel mit Zielen, Hoffnungen, vorhandenen Ressourcen, bereits Funktionierendem und möglichen nächsten Schritten auseinander.

Wie bei der salutogenen[1] Kommunikation mit ihrer Erkenntnis, dass kranke Personen noch kränker werden, wenn sie immer über ihre Krankheit sprechen, und gesünder werden, wenn sie eine positive gesundheitsfördernde Sprache verwenden (Petzold/Lehmann, 2011), ermöglicht auch hier bereits das Verwenden von Lösungssprache eine größere Handlungsfähigkeit und erhöht die Wahrscheinlichkeit, dass eine gute Lösung auch tatsächlich eintreffen kann (▷ Lösungssprache verwenden).

1 Unter salutogener Kommunikation versteht man eine aufbauende Art und Weise zu kommunizieren mit dem Anspruch, gesunde Entwicklung und Kreativität anzuregen.

Kein Problem besteht ohne Unterlass: Es gibt immer Ausnahmen, die genutzt werden können.

Auch Problemsituationen sind Veränderungen unterworfen. An einem Tag funktioniert es etwas besser, an einem anderen schlechter. Dies ist auch in sehr schwierigen Phasen so. Nur fokussieren wir in diesen Momenten selten auf die positiven Ausnahmen, obwohl diese für die Lösungsfindung genutzt werden können. Wann ist es zum Beispiel dem schlechten Außendienstmitarbeiter trotzdem gelungen, einen Abschluss zu tätigen? Und wie hat er dies geschafft? Gelingt es, dieses (Erfolgs-)Wissen zu nutzen, kann er in der Regel relativ einfach mehr davon tun (Abschnitt 3.3). Da er dies bereits konnte, steigt seine Zuversicht und Fortschritte werden wahrscheinlicher.

«Wo Aufmerksamkeit ist, da geschieht Lernen.»
Tim Gallwey

Cauffman und Dierolf (2007) beschreiben die Aufgabe der Führungskraft dabei wie folgt: «Es gibt immer Ausnahmen vom Problem. Genau diese Ausnahmen interessieren den lösungsfokussierten Manager (…). Die lösungsfokussierte Managerin fragt: ‹Was funktioniert trotz der Probleme, vor denen Sie stehen?› (…) Mit Hilfe solcher lösungsorientierten Fragen wird jeder für das Ziel nützliche Ressourcen entdecken.»

In Kombination mit dem Verständnis, dass auch große Veränderungen immer mit kleinen Schritten beginnen, können aus diesen Ausnahmen oft einfach kleine praxisrelevante Ideen für das weitere Vorgehen abgeleitet werden. Auf diese Weise werden Mitarbeitende auch in scheinbar hoffnungslosen Situationen schneller wieder handlungsfähig.

Die Zukunft ist sowohl etwas Geschaffenes als auch etwas Verhandelbares.

Die Zukunft entsteht erst noch und kann von uns allen beeinflusst werden. Wir erschaffen die Welt mit unserem Verhalten immer und immer wieder. Einige tun dies in einem kleineren Rahmen, andere in einem größeren. Vieles ist relativ einfach veränderbar. Doch auch das, was konstanter scheint, lässt sich verändern. Kaum etwas bleibt ewig bestehen.

«Wege entstehen dadurch, dass man sie geht.»
Franz Kafka

Die Zukunft wird aber nicht nur geschaffen, sondern auch unter den Beteiligten verhandelt. Ihre Geschäftsleitung verhandelt zum

Beispiel über die zukünftige Ausrichtung der Firma. Sie verhandeln mit Ihren Mitarbeitenden das zukünftige Verhalten am Arbeitsplatz. Andere handeln mit ihren Freunden das Wochenende aus. Und abhängig von der Vereinbarung machen wir uns anschließend gemeinsam daran, die Zukunft zu erschaffen.

Weder die Verhandlung noch die Schaffung der Zukunft funktionieren in unserer dynamischen Welt linear. Es ist ein andauernder Prozess mit Schlaufen, neuen Wegen, aufkommenden Bedürfnissen und Ausnahmen.

Die Zukunft ist nicht vorbestimmt, sondern kann verändert werden. Dies gibt Zuversicht. Probleme, welche die Vergangenheit und die Gegenwart geprägt haben, müßen nicht auch die Zukunft bestimmen. Sie können bereits heute mit Ihrem Team beginnen, die gemeinsam gewünschte Zukunft neu zu erfinden (Abschnitt 3.2).

Reflexionsfragen

Welche lösungsfokussierten Grundsätze leben Sie bereits heute? Wie äußert sich dies? Und wovon könnten Sie noch mehr tun?

2.2 Wie sieht ein lösungsfokussiertes Führungsverständnis konkret aus?

Lösungsfokussierte Führungskräfte (er-)finden Lösungen mit ihren Mitarbeitenden, indem sie diese als Expertinnen und Experten für ihren Aufgabenbereich wahrnehmen sowie ihre Erfahrungen wertschätzen und nutzbar machen. Durch das Einnehmen einer nichtwissenden Haltung schaffen sie es, das Potenzial des Teams sichtbar und nutzbar zu machen.

Obwohl Ihnen die Grundsätze der Lösungsfokussierung bereits Hinweise auf das entsprechende Führungsverständnis geben, lohnt es sich, dieses noch genauer auszuformulieren. Dabei können wir die vier Annahmen von Meier und Szabo (2008) auf die Führungssituation anwenden:

1. Es ist besser, Lösungen zu (er-)finden, anstatt Probleme zu lösen.
2. Mitarbeitende haben bereits Erfahrung mit der Lösung.
3. Mitarbeitende sind Expertinnen und Experten.
4. Nichtwissen als Führungskraft ist nützlich.

Annahme 1: Es ist besser, Lösungen zu (er-)finden, anstatt Probleme zu lösen.

Wühlen Sie nicht im Problem herum, analysieren Sie dieses nicht. Das ist meist verlorene Zeit. Sondern fokussieren Sie auf die gewünschte Zukunft. «Wo möchten Sie und Ihre Mitarbeitenden in Zukunft stehen? Was ist Ihr Ziel? Woran werden Sie merken, dass Sie dort angekommen sind?» Wenn Sie wissen, wo Sie hinmöchten, ist der Weg dorthin oft schnell ersichtlich, und Sie können nächste Schritte einleiten.

«Der Lösung ist es egal, warum das Problem entstanden ist.»
Steve de Shazer

Annahme 2: Mitarbeitende haben bereits Erfahrung mit der Lösung.

Auch wenn Ihre Mitarbeitenden dies zuerst vielleicht nicht erkennen, wenn sie mit einem Problem zu Ihnen kommen, Mitarbeitende haben ähnliche Situationen in der Regel schon erfolgreich gemeistert. Anstatt ihnen sofort Ihre Lösung anzubieten, kann es ergiebiger sein, sie zuerst nach Erfolgsgeschichten bei ähnlichen Situationen zu befragen. «Wie hast du dies bei der letzten ähnlichen Situation geschafft? Was hat dort gut funktioniert? Was waren damals deine ersten Schritte?» Da die Mitarbeitenden ihr Aufgabengebiet oft viel besser kennen und sie es sind, welche die nächsten Schritte ausführen, erhöht ein solches Vorgehen die Erfolgswahrscheinlichkeit stark.

«Nimm immer zuerst die Person in ihren Ressourcen wahr!»
Insoo Kim Berg

Annahme 3: Mitarbeitende sind Expertinnen und Experten.

Haben Sie auch schon die Erfahrung gemacht, dass Ihre Ratschläge oft nicht die gewünschte Dankbarkeit hervorrufen, sondern vielfach zumindest teilweise abgelehnt werden? Beliebte Reaktionen auf Ratschläge tönen dann zum Beispiel so: «Das ist eine gute Idee, aber die funktioniert hier nicht, denn hier ist alles anders» oder «Das hat schon früher nicht geklappt». Solche Reaktionen deuten einerseits darauf hin, dass die Mitarbeitenden Expertinnen und Experten für ihre Lösung sind, da sie ihr Aufgabengebiet am besten kennen. Andererseits sind Ratschläge oft auch mit einer impliziten Geringschätzung verbunden: «Da du das ja nicht lösen kannst, muss ich dir sagen, wie es funktioniert.» Um das volle Potenzial zu nutzen, ist es ergiebiger,

«‹Lass dir aus dem Wasser helfen, sonst wirst du ertrinken!›, sprach der freundliche Affe und setzte den Fisch behutsam auf den Baum.»
Anonym

die Mitarbeitenden zu fragen: «Welche Lösungsmöglichkeiten siehst du? Was ist dein Ziel bei dieser Fragestellung? Welche hilfreichen nächsten Schritte siehst du?»

Annahme 4: Nichtwissen als Führungskraft ist nützlich.

Vorgesetzte und Mitarbeitende haben wichtige Ressourcen, um das Aufgabengebiet voranzubringen. Leider haben Führungskräfte auch heute immer noch die Vorstellung, dass sie in allem Expertinnen und Experten sein müssen. Dies verunmöglicht nicht selten wirklich gute Lösungen. Deshalb ist es wichtig, dass Sie sorgfältig darauf achten, wann Ihre Expertise gefragt ist und wann diejenige der Mitarbeitenden. Sie werden überrascht sein, was die Mitarbeitenden alles wissen und können, wenn es Ihnen vermehrt gelingt, sich im Einnehmen einer nichtwissenden Haltung zu üben und zuerst Ihre Mitarbeitenden nach möglichen Lösungen zu befragen. Dadurch nehmen Sie Ihre Mitarbeitenden ernst und schätzen ihre Kompetenzen wert. Nichtwissen hat aber noch eine zweite zentrale Komponente, nämlich die des Vertrauens. Auch wenn Sie nicht immer alles verstehen, was Ihnen Mitarbeitende mitteilen, ist es wichtig, ihnen das Vertrauen für die von den Mitarbeitenden definierten nächsten Schritte auszusprechen und davon auszugehen, dass sie dies am besten einschätzen können.

«Jede Sichtweise ist gewissermaßen wie das Brett vor dem Kopf, das uns die Welt bedeutet.»
Michael Buchholz

Jackson und McKergow (2007) bestätigen und ergänzen diese Annahmen mit der Forderung, SIMPLE zu bleiben (▷ Weitere lösungsfokussierte Modelle kennenlernen):

- **S**olutions not problems: Fokussiere Lösungen anstatt Probleme.
- **I**nbetween: Lösungen entstehen in Interaktion zwischen Personen.
- **M**ake use of what's there: Nutze, was bereits da ist.
- **P**ossibilities: Sehe die Möglichkeiten und Ressourcen.
- **L**anguage: Verwende die Sprache deines Gegenübers.
- **E**very case is different: Es gibt keine Patentrezepte.

Reflexionsfragen

Was wäre die nächste gute Gelegenheit, um eine bis zwei der Annahmen auszuprobieren? Woran würden Sie merken, dass Ihnen dies erfolgreich gelungen ist?

2.3 Welche Werkzeuge verwenden lösungsfokussierte Führungskräfte?

Die Werkzeuge erfolgreicher lösungsfokussierter Führungskräfte sind vielseitig. Folgende sieben Elemente werden am meisten verwendet: die Lösungsbereitschaft erhöhen, die gewünschte Zukunft fokussieren, das bereits Funktionierende erkennen, die positiven Aspekte mit Wertschätzung stärken, kleine nächste Schritte festlegen, Experimente wagen und Erfolge mit Skalen sichtbar und nutzbar machen.

Der «Solution Focused Leadership Survey», die erste weltweite Studie zu lösungsfokussierter Führung, zeigt einerseits auf, dass vor allem die nützliche Interaktion zwischen der Führungskraft, den Mitarbeitenden sowie den Anspruchsgruppen im Zentrum steht, und andererseits, dass die Werkzeugkiste vielseitig ist (Godat 2013a). Folgende Werkzeuge funktionieren im Alltag lösungsfokussierter Führungskräfte besonders gut und werden deshalb oft und gerne eingesetzt (vgl. Abbildung 2):

1. Die *Lösungsbereitschaft erhöhen.*
2. Die *gewünschte Zukunft* fokussieren.
3. *Funktionierendes* erkennen.
4. Positive Aspekte durch *Wertschätzung* stärken.
5. *Kleine Schritte* festlegen.
6. *Experimente* wagen.
7. Mit *Skalierungen* Erfolge messbar und nutzbar machen.

1. Die Lösungsbereitschaft erhöhen

Je mehr sich Mitarbeitende gewohnt sind, Probleme zu analysieren und sich auf der Problemebene zu bewegen, desto mehr Zeit brauchen sie in der Regel, bis sie ihren Blick auf die gewünschte Zukunft und den Lösungsfindungsprozess richten können. Führungskräfte können die Lösungsbereitschaft der Mitarbeitenden durch *aufmerksames Zuhören sowie Erfragen des erhofften Resultates und der gewünschten Zukunft* aktiv fördern (Abschnitt 3.1).

2. Die gewünschte Zukunft fokussieren

Sind die Mitarbeitenden bereit, sich auf die Lösungsfindung einzulassen, stellt sich als Erstes die Frage, wohin die Reise gehen soll. Die Fähigkeit, mit den Mitarbeitenden *Ziele zu erforschen,* sowie

Abb. 2: Die sieben Hauptwerkzeuge der lösungsfokussierten Führung

(in Anlehnung an Godat, 2013a)

die Wunderfrage, ein zentrales Element der lösungsfokussierten Denkweise, helfen Ihnen und Ihrem Team, die gewünschte Zukunft klar zu sehen und so effizienter und effektiver den Weg zu funktionierenden Lösungen zu finden (Abschnitt 3.2).

3. Funktionierendes erkennen

Das Erkennen des bereits Funktionierenden ist einer der Schlüssel zum zukünftigen Erfolg. Da Sie und Ihre Mitarbeitenden Funktionierendes bereits beherrschen und erfolgreich tun oder getan haben, stärkt es nicht nur die Zuversicht in künftige Lösungen, sondern ermöglicht Ihnen, darauf aufzubauen. Sie können einerseits mehr davon tun und andererseits neue Lösungen entwickeln, die diese Kernkompetenzen verwenden. Lernen Sie, die *Vorboten der zukünftigen Lösung* zu erkennen, und erhöhen Sie die Handlungsfähigkeit der Mitarbeitenden durch die Kraft der *Umdeutung* (Abschnitt 3.3).

4. Positive Aspekte durch Wertschätzung stärken

Nachdem Sie das bereits Funktionierende eruiert haben, können Sie dieses wirksam verstärken, indem Sie es benennen und hervorheben. Diese Form der *Wertschätzung* kann Wunder bewirken, vor allem wenn sie auf bisherigen Erfolgen und tatsächlich erlebten Stärken aufbaut. Komplimente können dabei entweder direkt, durch Benennen, oder indirekt, durch Erfragen, erfolgen. Eine *Kultur der Wertschätzung* untereinander, nicht nur von Ihnen zu den Mitarbeitenden, sondern auch unter den Mitarbeitenden, verbessert die Interaktion zwischen einander und damit auch die Lösungsfindung immens (Abschnitt 3.4).

5. Kleine Schritte festlegen

Das Festlegen von kleinen Schritten erhöht die Wahrscheinlichkeit des zukünftigen Erfolges sowie Ihre Effizienz und Effektivität als Führungskraft maßgeblich. Dieses zentrale Element der lösungsfokussierten Führung ist jedoch nicht immer ganz einfach umzusetzen. Das Verwenden von *Fünf-Euro-Wörtern,* das *Schärfen der eigenen Wahrnehmung für die Zeichen der Verbesserung* sowie *Perspektivenwechsel* helfen, um sinnvolle nächste Schritte abzuleiten, die Sie näher an Ihre gewünschte Zukunft bringen (Abschnitt 3.5).

6. Experimente wagen

Lösungsfokussierte Experimente leiten die Aufmerksamkeit aller Beteiligten auf die funktionierenden Aspekte des Alltags und machen diese nutzbar für zukünftige Lösungen. *Beobachtungsexperimente, «So tun, als ob»-Experimente, Münzwurf-Experimente* sowie *Prophezeiungsexperimente* können in unterschiedlichen Situationen eingesetzt werden, um die Wahrscheinlichkeit nützlicher Handlungen in Zukunft zu erhöhen (Abschnitt 3.6).

7. Mit Skalierungen Erfolge messbar und nutzbar machen

Mit *lösungsfokussierten Skalen* werden Erfolge besonders gut sichtbar. Die Visualisierung ermöglicht es, positive Ausnahmen besser zu erkennen und für zukünftige Lösungen nutzbar zu machen. Skalierungen verbinden zudem alle bisher genannten lösungsfokussierten Werkzeuge in einem Multifunktionstool (Abschnitt 3.7).

Reflexionsfragen

Welche Werkzeuge finden Sie spannend? Was erhoffen Sie sich davon?

2.4 Welche Wirkung kann mit Lösungsfokussierung erzielt werden?

Lösungsfokussierte Interaktionen wirken auf mehreren Ebenen: Führungskräfte berichten von besseren Resultaten, nützlicherem Verhalten der Mitarbeitenden und einem höheren Wohlbefinden in der aktuellen Führungsfunktion. Zudem können das Vertrauen in die eigenen Kompetenzen und in die Machbarkeit der Lösungen gestärkt, die Wahrnehmung für alles, was zur Lösungsfindung beitragen kann, geschärft und die Wahlmöglichkeiten erhöht werden.

Aufgrund des neuen Führungsverständnisses erzielten die befragten Führungskräfte des «Solution Focused Leadership Survey» bessere

Abb. 3: Die drei Wirkungsbereiche lösungsfokussierter Führung

Wirkungsbereiche	Beispiele
Verändertes positives Verhalten der Mitarbeitenden	■ motivierteres und energievolleres Verhalten ■ aktivere und kreativere Beiträge ■ bessere Zusammenarbeit untereinander ■ Übernahme von mehr Verantwortung ■ entspannterer Umgang miteinander ■ produktivere Ausrichtung auf Ziele «Lösungsfokussierung funktioniert, meine Mitarbeitenden sind hoch motiviert, sie sind Experten und wenden diesen Ansatz bei ihrer täglichen Arbeit an.»
Bessere Resultate	■ sinnvollere Sitzungen ■ produktivere Gespräche ■ mehr erreichte Ziele ■ bessere Lösungen ■ nächste Schritte werden schneller ersichtlich ■ nützlichere Mitarbeitergespräche ■ bessere Dienstleistungen «Wir sind erfolgreich als Unternehmen und ich sehe, dass alle Mitarbeitenden auch selber Erfolge feiern.» «Wir konnten die Sitzung leicht und energievoll beenden. Wir hatten schließlich eine großartige Lösung und waren sogar noch früher fertig.»
Größeres Wohlbefinden in der Führungs-funktion	■ weniger Druck, alles selber lösen zu müssen ■ weniger Stress durch das Teilen von Verantwortung ■ mehr Energie und größere Zufriedenheit als Führungskraft «Mir hat der lösungsfokussierte Weg ein Hilfsmittel gegeben, mit dem ich die unterschiedlichen Bedürfnisse auf eine andere Weise angehen kann. Und das gibt mir mehr Energie und Zufriedenheit, auch an stressigen Tagen.»

(Godat, 2013a)

Resultate, sahen ein verändertes positives Verhalten der Mitarbeitenden und erlebten ein größeres Wohlbefinden in ihrer Führungsfunktion (vgl. Abbildung 3).

Auch Hoffmann, Lueger und Luisser (2006), welche die Effekte von lösungsfokussiertem Training von Führungskräften in einem Produktionsunternehmen untersucht haben, bestätigen positive Auswirkungen auf das Verhalten der Mitarbeitenden, die Resultate und das Wohlbefinden der Führungskräfte. Lösungsfokussierung hat nach ihrer Studie nicht nur weiche Faktoren gefördert, wie zum Beispiel den Kommunikationsstil, die Feedbackkultur, den Informationsaustausch untereinander, die bessere Wahrnehmung der Vorgesetzten durch die Mitarbeitenden sowie das Wohlbefinden der Führungskräfte, sondern auch harte Faktoren beeinflusst. Es konnte zum Beispiel eine klare Reduktion der Produktionsfehler sowie der Kundenretouren nachgewiesen werden. Zudem konnte die Absenzquote der Mitarbeitenden verringert werden.

Neben den drei beschriebenen Wirkungsbereichen verweisen Meier und Szabo (2008) in Anlehnung an Gallwey (2008) auf die folgenden drei weiteren Auswirkungen:

- Die Aufmerksamkeit wird auf Nützliches ausgeweitet, das zur Lösungsfindung beitragen kann.
- Durch neue Handlungsvarianten werden die Wahlmöglichkeiten erhöht.
- Das Vertrauen in die eigenen Fähigkeiten und die Machbarkeit der Lösung werden gestärkt.

Diese drei Auswirkungen entsprechen Bambergers (2005) Prozessqualitäten, die lösungsfokussierte Gespräche aufweisen sollten. Zusätzlich zur Gewinnung einer Lösungsdimension, dem Bewusstsein der Selbstwirksamkeit sowie der Erweiterung der Perspektiven und Möglichkeiten erwähnt er die Bedeutung der positiven Wahrnehmung als unterstützende Führungskraft.

Reflexionsfragen

Welche Wirkung möchten Sie erzielen? Was wäre dann anders?

2.5 Wo kann Lösungsfokussierung in der Führung konkret eingesetzt werden?

Die Einsatzmöglichkeiten der lösungsfokussierten Führung sind äußerst vielfältig. Sie entfaltet überall dort ihren optimalen Nutzen, wo es um Lösungsfindung, Veränderung, Verbesserung und Entwicklung geht. Das Spektrum der Einsatzmöglichkeiten reicht von Alltagssituationen bis zu Fragen des strategischen Managements.

Die Einsatzgebiete dieses Führungsansatzes sind praktisch unbegrenzt. Überall dort, wo Menschen zusammenkommen und Lösungen, Veränderungen, Verbesserungen oder Entwicklungen anstreben, kann lösungsfokussierte Führung einen Unterschied machen. In der Praxis kann folgendes Spektrum – von nützlichen Alltagsinteraktionen bis zu längerfristigen Managementzyklen – beobachtet werden (vgl. Abbildung 4):

- *Nützliche Alltagsinteraktionen,* wie zum Beispiel
  - tägliche Wertschätzung (▷ Alltagsinteraktionen gestalten, ▷ Spaß haben),
  - lösungsfokussierte Alltagsgespräche (▷ Alltagsinteraktionen gestalten),
  - Ressourcen-Tratsch (▷ Wertschätzungskultur schaffen),
  - kurze Coachinggespräche (▷ Fünf-Minuten-Coaching einsetzen),
  - ein effektives Selbstmanagement (▷ Selbstmanagement fördern).
- *Wirksame Führungsinstrumente,* wie zum Beispiel
  - lösungsfokussierte Mitarbeitergespräche (▷ Mitarbeitendengespräche nutzen),
  - sinnvolle Leistungsbeurteilungen (▷ Leistungsbeurteilungen vornehmen),
  - Fortschrittsevaluationen (▷ Auswertungen durchführen).
- *Effiziente und effektive Sitzungen* mit zum Beispiel
  - lösungsfokussierten Fragen vor, während und/oder nach der Sitzung (▷ Sitzungen wirkungsvoll gestalten),
  - Skalierungen des Sitzungsverlaufes (▷ Sitzungen wirkungsvoll gestalten, ▷ Skalierungskünste erweitern),
  - der Schaffung einer produktiven Denkumgebung (▷ Produktives Denken fördern).

Abb. 4: Das Spektrum lösungsfokussierter Führung

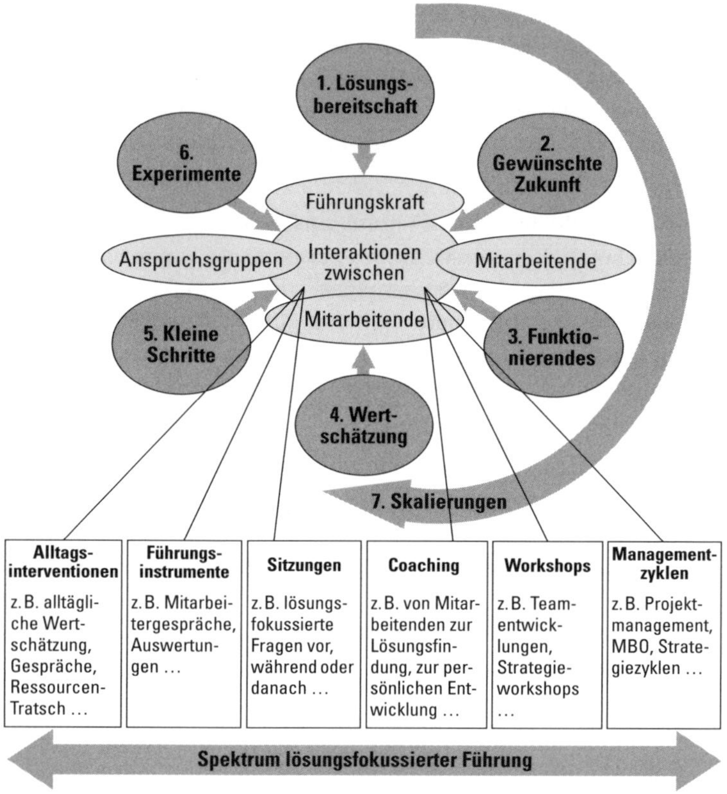

(Godat, 2013b)

- *Coaching von Mitarbeitenden durch die Führungskraft,* zum Beispiel in Einzelgesprächen (Abschnitt 4)
  - zur besseren Lösungsfindung,
  - zur persönlichen Entwicklung.
- *Lösungsfokussierte Workshops mit den Mitarbeitenden,* zum Beispiel zur
  - Teamentwicklung (▷ Teamcoaching-Prozesse moderieren),
  - Lösungsfindung (▷ Teamressourcen nutzen: Reflecting Team),
  - Strategieentwicklung.

- *Längerfristige Managementzyklen,* wie zum Beispiel lösungsfokussiertes
  - Projektmanagement (▷ Projekte lösungsfokussiert managen),
  - Management by Objectives (▷ Management by Objectives anreichern),
  - Risikomanagement (▷ Risiken anders managen).

Die Beispiele sind fast beliebig erweiterbar. Da jede Führungssituation individuell ist, möchte ich Sie einladen, Ihr eigenes Spektrum der Einsatzmöglichkeiten Schritt für Schritt zu erkunden und eigene Varianten für sich zu erfinden.

Reflexionsfragen

Welche Einsatzmöglichkeiten sprechen Sie spontan am meisten an? Was stimmt Sie zuversichtlich, dass Sie diese in Zukunft lösungsfokussierter gestalten können?

3 Die lösungsfokussierten Werkzeuge

3.1 Lösungsbereitschaft erhöhen – Wie laden Sie Mitarbeitende zur Lösungsfindung ein?

Je mehr sich Mitarbeitende gewohnt sind, Probleme zu analysieren und sich auf der Problemebene zu bewegen, desto mehr Zeit brauchen sie in der Regel, bis sie ihren Blick auf die gewünschte Zukunft und den Lösungsfindungsprozess richten können. Führungskräfte können die Lösungsbereitschaft der Mitarbeitenden durch aufmerksames Zuhören sowie Erfragen des erhofften Resultates und der gewünschten Zukunft aktiv fördern.

Seit unserer Kindheit kennen wir uns aus mit der Problemanalyse. Wir sind uns gewohnt, zu analysieren, was nicht funktioniert, und fühlen uns auf der Problemebene erstaunlich wohl. Deshalb ist der lösungsfokussierte Ansatz vor allem am Anfang noch ungewöhnlich. Achten Sie darauf, die Bereitschaft Ihrer Mitarbeitenden, sich auf die Lösungsfindung einzulassen, behutsam zu erhöhen. Sie können dies tun, indem Sie Mitarbeitende von der Problem- auf die Lösungsebene einladen.

Von der Problem- auf die Lösungsebene einladen

Je länger Sie und Ihre Mitarbeitenden sich auf der Problemebene befinden, desto schwieriger wird es oft, eine gute Lösung zu finden. Probleme verfestigen sich mit zunehmendem Bewusstsein, was alles nicht gut funktioniert. Um schnell wieder handlungsfähig zu werden, ist es deshalb wichtig, dass Sie so rasch wie möglich auf die Lösungsebene wechseln und sich vom Problem lösen.

Bevor Sie auf die gewünschte Zukunft fokussieren (Abschnitt 3.2), lohnt es sich, noch kurz einen Augenblick innezuhalten und miteinander zu vereinbaren, wie dieses Gespräch oder diese Sitzung hilfreich sein soll, und sicherzustellen, dass eine Bereitschaft da ist, anschließend auch etwas zu tun. Hierzu haben sich folgende Fragen in der Praxis etabliert:

1. Was muss in diesem Gespräch geschehen, damit sich dieses für dich gelohnt hat?
2. Was sind deine besten Hoffnungen für dieses Gespräch?

3. Woran wirst du am Ende des Gespräches erkennen, dass du einen Schritt weitergekommen bist?
4. Wie wird sich dies optimalerweise auswirken?
5. Was wird dann für dich anders sein?
6. Was wirst du anschließend anders tun?

Fragen Sie Ihre Mitarbeitenden und hören Sie Ihnen zu. Sie können diese Fragen auch für sich selber oder gemeinsam beantworten. Ein solcher Einstieg in ein Gespräch erhöht nicht nur die Effizienz, sondern auch die Effektivität der Gespräche, weil Sie auf diese Weise am Richtigen arbeiten können. Seit ich Gespräche konsequent so beginne, benötigen diese weniger als die Hälfte der Zeit und die Resultate am Ende sind meist doppelt so gut.

Stellen Sie anschließend Ihrem Gegenüber eine Frage nach der gewünschten Zukunft (Abschnitt 3.2). Falls die Person darauf eingeht, können Sie dort weiterfahren. Wenn die Person noch nicht bereit ist, wird sie Ihnen in der Regel mehr über das Problem erzählen wollen. Gehen Sie in diesem Fall wie folgt vor:

- Reagieren Sie wertschätzend, indem Sie zuhören und aussprechen, dass es eine schwierige Situation für die Person zu sein scheint.
- Fragen Sie nochmals nach, was denn ihr Ziel respektive ihre gewünschte Zukunft sei. Oder erfragen Sie, was ein gutes Resultat für diese Sitzung sei.
- Falls die Person immer noch nicht bereit ist, hören Sie weiter wertschätzend zu und versuchen Sie es immer und immer wieder mit Fragen zum erhofften Resultat oder zur gewünschten Zukunft.
- Bei gewissen Personen ist es außerdem hilfreich, wenn Sie darauf hinweisen, dass Sie es nützlicher finden, sich zu überlegen, wie die gewünschte Zukunft aussehen soll, um auf diese Weise schneller eine gute Lösung herbeizuführen. Hierbei eignen sich auch lösungsfokussierte Metaphern (▷ Metaphern verwenden), um die lösungsfokussierte Denkhaltung aufzuzeigen.

Teilweise möchten Mitarbeitende vor allem einmal gehört werden. Die Schilderung des Problems respektive der Situation durch die Mitarbeitenden kann dabei einerseits der Psychohygiene dienen und andererseits den Mitarbeitenden auch Sicherheit geben, da Sie als Vorgesetzte davon wissen. Wenn Ihre Mitarbeitenden nur die Situation schildern möchten und nicht zu Ihnen kommen, um eine Lösung zu finden, dann reicht es, aufmerksam zuzuhören.

Aber Achtung: Vermeiden Sie es, auf die Problemebene einzusteigen und nach den Ursachen zu fragen. Dies verstärkt das Problembewusstsein und macht es schwieriger, effizient und effektiv Lösungen zu finden.

Falls Ihr Gegenüber nicht auf die Fragen eingeht und Sie das Gefühl haben, dass es sich um einen Widerstand des Mitarbeitenden handelt, lohnt es sich, diesen richtig zu deuten. Versuchen Sie, die Botschaft darin zu erkennen und für die Lösungsfindung zu nutzen (▷ Widerstände deuten).

Praxisidee

Stellen Sie lösungsfokussierte Fragen, anstatt Anweisungen zu geben
Durch lösungsfokussierte Fragen nehmen Sie Ihre Mitarbeitenden ernst und schätzen sie als Expertinnen und Experten für ihren Arbeitsbereich. Zudem erhöht es die Erfolgswahrscheinlichkeit, da die Mitarbeitenden ihre eigenen Lösungen entwickeln und motiviert angehen können.

Reflexionsfragen

Woran werden Sie in Zukunft erkennen, dass dieser Abschnitt für Sie hilfreich war? Wie wird sich dies in Ihrem Führungsverhalten äußern?

3.2 Gewünschte Zukunft fokussieren – Wie finden Sie effektiv und effizient den Weg zu funktionierenden Lösungen?

Sind die Mitarbeitenden bereit, sich auf die Lösungsfindung einzulassen, stellt sich als Erstes die Frage, wohin die Reise gehen soll. Die Fähigkeit, mit den Mitarbeitenden Ziele zu erforschen, sowie die Wunderfrage, ein zentrales Element der lösungsfokussierten Denkweise, helfen Ihnen und Ihrem Team, die gewünschte Zukunft klar zu sehen und so effizienter und effektiver den Weg zu funktionierenden Lösungen zu finden.

Anstatt Probleme zu analysieren, klären lösungsfokussierte Führungskräfte zu Beginn mit ihrem Gegenüber, wo die Reise hingehen soll. Wie sieht die gewünschte Zukunft aus? Je nach Situation und Themenstellung können Sie dies gemeinsam im Team oder mit einzelnen Mitarbeitenden erforschen. Wenn es zum Beispiel darum geht, die Teamarbeit zu verbessern, dann ist es ratsam, das gesamte Team einzubeziehen und gemeinsam herauszufinden, wie die gewünschte Zusammenarbeit in Zukunft aussehen wird. Bei einem Thema, das sich auf die individuelle Arbeit eines Einzelnen bezieht, lohnt es sich, mit dieser Person herauszufinden, welches Ziel sie anstreben möchte. Sobald klar ist, wo es hingehen soll, ist es relativ einfach, den Weg dorthin zu finden. Sie werden auf diese Weise nicht nur effizienter neue Lösungen finden, sondern auch Ihre Effektivität als Führungskraft stark erhöhen.

Gemeinsam Ziele erforschen

Da Ihre Mitarbeitenden Experten für ihren Arbeitsbereich sind, ist es wertvoll, diese zuerst nach ihren *Zielen* zu befragen:

- Was ist für dich das Ziel, das du erreichen möchtest?
- Was wird dann anders sein, als es heute ist?
- Woran werden andere merken, dass du das Ziel erreicht hast?
- Wem wird es bestimmt auffallen und wie wird es diese Person merken?
- Was wirst du dann anders tun?
- Wie werden andere auf dein neues Handeln reagieren?
- Was ist deine kühnste Hoffnung?
- Ab wann bist du zufrieden?

Versuchen Sie, das Zielbild so klar und detailliert wie möglich zu erfragen. Dies gibt auf der einen Seite Klarheit, wo es hingehen soll, und auf der anderen Seite bereits erste Hinweise für nächste Schritte.

Ziele entfalten ihre Wirkung dann am besten und führen zu funktionierenden Lösungen, wenn sie folgende Anforderungen erfüllen:

- *Wichtig für die Person selber:* Nehmen Sie Ihre Mitarbeitenden ernst und lassen Sie sie Ziele erarbeiten, die für sie wichtig sind. Dabei ist es selbstverständlich, dass Sie als Führungskraft darauf Einfluss nehmen können, um zum Beispiel gewisse Rahmenbedingungen sicherzustellen (▷ Rahmenbedingungen schaffen). Je mehr die Ziele jedoch diejenigen der Mitarbeitenden sind, desto höher ist gewöhnlich deren Motivation, diese auch zu erreichen.
- *Interaktional und verhaltensbezogen:* Erfragen Sie, wie sich Ihre Mitarbeitenden in der gewünschten Zukunft verhalten werden und mit wem sie wie in Interaktion sein werden. Formuliert Ihr Gegenüber ein Ziel, in dem es selber mit seinem Verhalten nicht vorkommt, lohnt es sich nachzufragen, was es dann anders tun

wird. Dies erhöht die Wahrscheinlichkeit, dass Ihr Gegenüber sieht, wie das Ziel durch sein Verhalten beeinflusst und erreicht werden kann.

- *Anwesenheit von erwünschtem, positivem Verhalten und nicht Abwesenheit von Problemen:* Achten Sie darauf, dass Ihr Gegenüber Aspekte nennt, die in der gewünschten Zukunft vorhanden sind. Immer, wenn jemand etwas nennt, was er oder sie nicht möchte, lohnt sich die Frage, was dann stattdessen vorhanden sein soll (▷ Lösungssprache verwenden).
- *Situativ und konkret:* Teilweise tun sich Personen schwer, Ziele einzugrenzen. Laden Sie sie ein, für diese momentane konkrete Situation einen gewünschten Zustand in der Zukunft zu formulieren.
- *Ein realistischer erster Schritt:* Hochgesteckte Ziele können beflügeln, aber auch lähmen. Es ist vollkommen in Ordnung, kleine, realistische Ziele zu formulieren. Lieber ein realistischer erster kleiner Schritt, der dann auch tatsächlich erreicht wird und auf dem aufgebaut werden kann, als zu hohe Ziele, die abschrecken.
- *Würdigen Sie die harte Arbeit, die bevorsteht:* Dies fördert einerseits die Anerkennung des zukünftigen Efforts der Mitarbeitenden. Andererseits betonen Sie indirekt auch die Verantwortung, welche die Mitarbeitenden übernehmen müssen, damit das Ziel erreicht werden kann (de Jong/Berg, 2003).

Die Wunderfrage

Die Wunderfrage ist wohl das am meisten diskutierte und zugleich faszinierendste Instrument innerhalb des lösungsfokussierten Werkzeugkastens. Insoo Kim Berg entwickelte diese per Zufall in einem Gespräch, als ihr eine Frau sagte, dass nur noch ein Wunder helfen könnte. Da Insoo immer die Worte und Ideen des Gegenübers aufnahm, fragte sie: «O.k., nehmen wir einmal an, es würde ein Wunder geschehen und das Problem, das Sie hierher geführt hat, wäre gelöst, was wäre dann anders in Ihrem Leben?» Zu Insoos großem Erstaunen fing die Frau, die bis dahin handlungsunfähig schien, plötzlich an, von ihrer gewünschten Zukunft zu erzählen (de Jong/Berg, 2003).

Die Wunderfrage öffnet die Vorstellungskraft Ihres Gegenübers und es wird schnell klar, wohin es gehen soll und was in Zukunft wirklich wichtig ist.

Die klassische Wunderfrage ist dreistufig aufgebaut:

1. *Stellen Sie sich vor:* «Stellen Sie sich vor, Sie gehen heute nach der Arbeit nach Hause. Nach einem schönen Abend gehen Sie ins Bett und schlafen genüsslich ein …»
2. *Ein Wunder geschieht in der Nacht:* «… Und in der Nacht, während Sie schlafen, passiert ein Wunder, welches bewirkt, dass all das, was Sie momentan beschäftigt, einfach so gelöst ist. Aber weil Sie geschlafen haben, wissen Sie davon nichts …»
3. *Woran merken Sie dies am nächsten Morgen:* «… Woran merken Sie am nächsten Morgen, wenn Sie aufwachen, dass tatsächlich ein Wunder geschehen ist?»

Wenn Sie die Frage beendet haben, hören Sie aufmerksam zu, was Ihre Mitarbeitenden am Morgen nach dem Wunder alles entdecken. In Anlehnung an Jackson und Waldmann (2010) können Sie das Wunderbild mit folgenden Fragen schärfen:

- Was ist am Morgen nach dem Wunder noch anders?
- Was entdecken Sie im weiteren Verlauf des Tages?
- Wie merken andere, dass ein Wunder passiert ist?
- Was tun Sie an diesem Tag nach dem Wunder?
- Welche Auswirkungen hat Ihr Verhalten auf andere?
- Was passiert sonst noch an diesem Tag oder im weiteren Verlauf?

Praxisidee

Kosten Sie das Wunder aus Bleiben Sie mit Ihren Mitarbeitenden so lange wie möglich im Wunderbild. Dies gibt für gewöhnlich nicht nur eine große Motivation und Energie, sondern auch erste Hinweise auf mögliche Lösungsideen.

Da das Wort «Wunder» im Arbeitsalltag in aller Regel noch nicht zum üblichen Sprachgebrauch gehört, braucht es allenfalls ein wenig Überwindung, um diese Frage einzuführen. Meine eigene Erfahrung als Führungskraft ist, dass die Mitarbeitenden meist sehr positiv darauf reagieren. Je sicherer Sie die Frage formulieren, desto weniger Irritation löst sie in der Regel aus. Wenn Sie unsicher sind, können Sie die Wunderfrage auch sanft einleiten.

Die Wunderfrage sanft einleiten

«Anja, ich weiß, dass du über eine gute Vorstellungskraft verfügst und neuen Ansätzen gegenüber aufgeschlossen bist. Um eine Lösung für dein Thema zu finden, möchte ich dir deshalb eine anfangs vielleicht komische Frage stellen. Ich bin jedoch fest davon überzeugt, dass du, wenn du dich darauf einlässt, bei deinem Thema einen großen Fortschritt erzielen kannst. Bist du bereit?»

Falls die Mitarbeitenden die Frage dennoch komisch finden und sich nicht darauf einlassen können, reagieren Sie wertschätzend und befragen Sie sie nach ihren Zielen und ihrer gewünschten Zukunft.

Wertschätzend reagieren und auf die gewünschte Zukunft überleiten

«Anja, ich finde es gut, dass du Realistin bist. Aber sag mal, was ist denn dein Ziel bei diesem Thema? Wie sieht deine gewünschte Zukunft aus? Was wird dort anders sein?»

Reflexionsfragen

Stellen Sie sich vor, dass Sie, nachdem Sie dieses Buch heute zur Seite gelegt haben, einen schönen Abend verbringen, vielleicht mit einem schönen Nachtessen. Und irgendwann gehen Sie dann so richtig müde ins Bett. Sie schlafen genüsslich ein. In der Nacht, in der Sie so wunderbar tief schlafen, passiert ein Wunder, das bewirkt, dass alle Probleme, die Sie heute beschäftigt haben, einfach so, wie durch Zauberhand, gelöst sind. Da Sie jedoch geschlafen haben, wissen Sie nicht, dass dies passiert ist. Woran werden Sie morgen früh und im Verlauf des Tages erkennen, dass tatsächlich ein Wunder passiert ist? Was werden Sie an diesem Tag nach dem Wunder anders tun?

3.3 Bereits Funktionierendes erkennen – Warum liegt die Lösung näher, als Sie vielleicht vermuten?

Das Erkennen des bereits Funktionierenden ist einer der Schlüssel zum zukünftigen Erfolg. Da Sie und Ihre Mitarbeitenden Funktionierendes bereits beherrschen und erfolgreich tun oder getan haben, stärkt es nicht nur die Zuversicht in künftige Lösungen, sondern ermöglicht Ihnen, darauf aufzubauen. Sie können einerseits mehr davon tun und andererseits neue Lösungen entwickeln, die diese Kernkompetenzen verwenden. Lernen Sie, die Vorboten der zukünftigen Lösung zu erkennen, und erhöhen Sie die Handlungsfähigkeit der Mitarbeitenden durch die Kraft der Umdeutung.

Die Lösung liegt meist viel näher, als Führungskräfte vermuten. Die Frage ist nur: Suchen Sie sie am richtigen Ort? Wir haben gelernt, Probleme zu analysieren und festzustellen, was wir nicht können. Da die Ursachen in komplexen Systemen nie wirklich eruierbar sind und wir, auch wenn wir diese kennen würden, immer noch nicht wissen, wo wir genau hinwollen, verlieren wir durch Problemanalyse nicht nur viel Zeit, sondern auch sehr viel produktive Energie. Zudem haben wir auf diese Weise kaum Anhaltspunkte, wie wir die Punkte, die wir nicht gut können, verbessern sollen. Wir suchen paradoxerweise die Lösung dort, wo wir uns am schlechtesten auskennen.

Lösungsfokussierung schlägt einen viel einfacheren und hoch effektiven Weg vor: Entdecken Sie, was alles funktioniert! Wenn Sie erst einmal wissen, welche Ressourcen und Stärken Sie für die Lösung einsetzen können, dann ist der Weg zur Lösung bedeutend kürzer. Denken Sie daran: Auch in Problemzeiten funktioniert immer noch ein Großteil. Und all das können Sie nutzen, um einen Schritt näher an Ihre gewünschte Zukunft zu gelangen.

Vorboten der Lösung entdecken

Vorboten sind Signale, die Ihnen aufzeigen, dass Sie Ihre gewünschte Zukunft erreichen können. Mehr noch: Sie zeugen davon, dass Sie einzelne Elemente davon bereits erlebt haben und in der Vergangenheit schon umgesetzt haben. Sie geben nicht nur Zuversicht, sondern auch Hinweise für nächste kleine Schritte. Deshalb ist es wichtig, dass Sie all das, was bereits vorhanden ist, erkennen und für die Lösungsfindung nutzen.

Doch welches können solche Vorboten sein? In der lösungsfokussierten Praxis haben sich folgende Elemente bewährt:

- *Erfolgsgeschichten:* Befragen Sie Ihre Mitarbeitenden nach Erfolgen, die sie in der Vergangenheit erlebt haben. Wie wurden diese möglich? Was haben Ihre Mitarbeitenden dort genau gemacht?
- *Positive Unterschiede:* Kein Problem besteht ständig in der gleichen Intensität. Es gibt immer Zeiten, in denen es bereits besser ging. Dort haben positive Elemente einen relevanten Unterschied gemacht. Was haben Ihre Mitarbeitenden in diesen Zeiten anders gemacht?
- *Erlebte Aufschwungphasen:* Auch die schwierigsten Zeiten bestehen nicht permanent. Oft folgen nach Talsohlen Aufschwungphasen. Wie haben es die Mitarbeitenden in der Vergangenheit geschafft, aus der damaligen Talsohle zu gelangen? Wie sind sie dort vorgegangen?
- *Stärken:* Ihre Mitarbeitenden verfügen über zahlreiche Stärken, die sie für die Lösungsfindung einsetzen können. Welche Stärken waren in der Vergangenheit besonders nützlich? Was zeichnet Ihre Mitarbeitenden aus? Was davon könnte für die Zukunft nützlich sein?
- *Ressourcen:* Neben den Stärken der Mitarbeitenden sind meist zahlreiche weitere Ressourcen vorhanden, wie Fachwissen, Informationen, Geld, Zeit oder Unterstützung von außen. Welche Ressourcen können Ihre Mitarbeitenden sonst noch für die Lösungsfindung nutzen?
- *Positive Zusammenarbeit:* Erfolgreiche Lösungen bedingen meist eine gute Kooperation von verschiedenen Stellen. Deshalb lohnt es sich, sich der bisherigen positiven Zusammenarbeit bewusstzuwerden und mehr davon zu tun. Was waren die Highlights in der bisherigen Zusammenarbeit? Wer hat was dazu beigetragen? Was schätzen Ihre Mitarbeitenden an der Zusammenarbeit besonders?
- *Erfolgreiche kleine Schritte:* Werden Sie sich bewusst, welche kleinen Schritte auf Ihrem momentanen Weg schon funktioniert haben. Diese zeigen Ihnen, dass Sie bereits auf dem Weg sind. Wie wurden diese möglich? Was waren die Schlüsselelemente?

- *Erreichte Verbesserungen:* Fragen Sie regelmäßig: Was ist heute besser, als es gestern war? Wie haben wir dies möglich gemacht? Dies gibt Ihnen weitere Hinweise, wie bisherige Verbesserungen zustande gekommen sind.

Mit einem geschulten Blick und zunehmender Übung wird das Erkennen und Benennen von Vorboten immer einfacher. Am Anfang hilft es, wenn Sie sich bewusst eine wertschätzende Brille aufsetzen. Fokussieren Sie zum Beispiel in den nächsten zehn Minuten nur auf das, was bei Ihnen und Ihren Mitarbeitenden funktioniert.

Praxisbeispiele von Führungskräften

- «Wir fragen nach Funktionierendem vor und nach jedem Treffen, das wir durchführen. Wir lernen immer wieder sehr viel dabei und die Mitarbeitenden fühlen sich handlungsfähiger und zuversichtlicher danach.»
- «Starte und gib gratis Komplimente. Es lohnt sich!»
- «An unseren Strategietagen schauen wir immer, was funktioniert, und vor allem auch, wann es funktioniert hat. Was ging erstaunlich gut, gegen alle Vermutungen?»
- «Ein kraftvolles Element, das wir verwenden, ist es, Teamsitzungen zu starten mit unseren ‹leuchtenden Diamanten› [den Erfolgsgeschichten] aus der unmittelbaren Vergangenheit.»
- «Wir investieren jede Woche fünfzehn bis dreißig Minuten in das Teilen von Erfolgsgeschichten.»
- «Wir klären bei jeder Problemmeldung zunächst, was bereits funktioniert.»
- «In meiner neuen Tätigkeit versuche ich, festzustellen und wertzuschätzen, was alles funktioniert.»

(Godat/Kocher/Scheiber, 2013, übersetzt aus dem Englischen)

Praxisidee

Feiern Sie Erfolge Nutzen Sie die Kraft der Vorboten bereits im Voraus und feiern Sie erreichte Erfolge mit Ihren Mitarbeitenden. Wenn Sie in diesen Momenten gemeinsam herausfinden, wie diese Erfolge zustande gekommen sind, können Sie dieses Wissen in Zukunft einfacher wieder abrufen. Zudem entsteht dadurch ein positiver Teamzusammenhalt.

Handlungsfähigkeit erhöhen durch Umdeuten

Ihre Mitarbeitenden sind sich häufig nicht bewusst, was sie bereits alles gut machen und können. Sie sehen meist ihre eigenen Schwächen und Defizite viel besser. Diese machen sie aber kaum handlungsfähiger.

Deshalb ist es umso wichtiger, dass Sie als Führungskraft ihre Mitarbeitenden unterstützen und ihnen helfen, das Funktionierende sichtbar und damit auch nutzbar zu machen. Dies können Sie mit den Fragen tun, die Sie oben zum Entdecken von Vorboten kennengelernt haben. Ergänzend können Sie die Handlungsfähigkeit Ihrer Mitarbeitenden stärken, indem Sie deren Schwächen und Defizite umdeuten.

Reframing oder Umdeuten meint dabei, die positiven Aspekte eines als negativ bewerteten Verhaltens zu sehen und zu benennen. Durch die Benennung werden die Stärken sichtbar und können für die Lösungsfindung eingesetzt werden.

Stärken und Schwächen sind meist eng miteinander verknüpft und gar nicht so unterschiedlich. Hilfreich finde ich die Vorstellung, dass jede Schwäche eine Stärke beinhaltet, die nützlich sein kann für die Lösungsfindung. Meist sind Schwächen übertriebene Stärken: Eine übertriebene Genauigkeit wird als pingelig wahrgenommen, ein zu großes Selbstbewusstsein als Überheblichkeit interpretiert, einem intensiv Kommunizierenden wirft man Schwatzhaftigkeit vor (vgl. Abbildung 5).

Umdeutung fokussiert auf das Funktionierende, das Sie anschließend entweder als direkte Wertschätzung benennen oder als indirekte Wertschätzung erfragen können (Abschnitt 3.4).

Praxisidee

Deuten Sie Schwächen immer um Immer wenn Ihnen Mitarbeitende von einer Schwäche oder einem Defizit erzählen, erforschen und benennen Sie, welche Stärke sich darin befindet, und erkunden Sie gemeinsam, wie diese in Zukunft genutzt werden könnte.

Reflexionsfragen

Auf welche Erfolgsgeschichten sind Sie stolz? Was funktioniert bereits besser als vor einiger Zeit? Und wie haben Sie dies geschafft?
Über welche Stärken verfügen Ihre einzelnen Mitarbeitenden? Was schätzen Sie an der Zusammenarbeit mit ihnen besonders?

Abb. 5: Umdeutungsbeispiele – Stärken, die in Schwächen liegen können	
Schwäche	**Stärken, die in der Schwäche liegen können**
▪ verschwenderisch	▪ großzügig
▪ misstrauisch	▪ kritisch, hinterfragend
▪ geizig	▪ sparsam, planend
▪ ängstlich	▪ vorsichtig, sorgsam
▪ faul	▪ effizient, einteilend
▪ chaotisch	▪ kreativ, vielseitig
▪ aufdringlich	▪ engagiert, mutig
▪ überheblich	▪ selbstbewusst
▪ langsam	▪ sorgfältig, konzentriert
▪ gleichgültig	▪ tolerant
▪ verschlossen	▪ diskret
▪ ungenau	▪ schnell

3.4 Positive Aspekte durch Wertschätzung stärken – Wie unterstützen Sie Mitarbeitende optimal?

Nachdem Sie das bereits Funktionierende eruiert haben, können Sie dieses wirksam verstärken, indem Sie es benennen und hervorheben. Diese Form der Wertschätzung kann Wunder bewirken, vor allem wenn sie auf bisherigen Erfolgen und tatsächlich erlebten Stärken aufbaut. Komplimente können dabei entweder direkt, durch Benennen, oder indirekt, durch Erfragen, erfolgen.

Wertschätzung ist der Boden, auf dem neue Lösungen besser und schneller gedeihen. Mitarbeitende öffnen sich nicht nur mehr, sondern sind auch eher bereit, ihre Ressourcen einzubringen, wenn ihnen Vorgesetzte sowie Kolleginnen und Kollegen positiv gesinnt sind. Zudem macht es mehr Freude, in einem positiven Umfeld zu arbeiten.

Eine Wirkung von Komplimenten wird oft unterschätzt: Meist sehen wir selber nicht mehr, was wir in der Vergangenheit alles gut gemacht haben und über welche Stärken wir in der Gegenwart verfügen. Durch die Benennung des Funktionierenden durch andere wird dieses einerseits wieder bewusst und somit zugänglich und andererseits auch noch verstärkt. Und es kann in Zukunft wieder für das Erzielen von Fortschritten eingesetzt werden.

Es lohnt sich deshalb doppelt, eine Kultur der Wertschätzung zu schaffen, in der sich Führungskräfte und Mitarbeitende gegenseitig für das loben, was sie gut können und machen: Einerseits, um das volle Potenzial Ihrer Mitarbeitenden zu entfalten, und andererseits, um eine gute Atmosphäre zu schaffen.

Wertschätzung bedeutet, anderen mitzuteilen, wie wichtig sie sind und was an ihnen und ihrer Arbeit geschätzt wird. Obwohl dies auf den ersten Blick einfach klingt, sind wir es nicht gewohnt, das Positive zu sehen, und erst recht nicht, es auch zu benennen. Deshalb sollten wir bewusst die wertschätzende Brille aufsetzen und lernen, Komplimente zu machen.

Anforderungen an Komplimente

Komplimente kommen dann am besten an und entfalten eine motivierende Wirkung, wenn sie auf bisherigen Erfolgen und tatsächlich erlebten Stärken aufbauen und …

- *… wirklich echt gemeint sind.* Seien Sie ruhig authentisch. Halten Sie Ausschau nach dem, was funktioniert, und benennen Sie das, was Sie wirklich schätzen.
- *… der Situation angemessen sind und der Realität entsprechen.* Versuchen Sie, die Komplimente der Situation und der Realität anzupassen. Wenn Sie über ein Projekt sprechen, erwähnen Sie Ressourcen, die Sie bei der Mitarbeiterin sehen, die für das Projekt förderlich sind.
- *… nicht übertrieben sind.* Übertreiben Sie nicht, sondern benennen Sie einfach, was Sie wirklich sehen. Schätzen Sie gute Arbeit, sehen Sie tatsächlich vorhandene Ressourcen und benennen Sie diese. Nicht mehr, aber auch nicht weniger (Cauffman/Dierolf, 2007).

Zuhören als Voraussetzung

Wenn Sie die volle Wirkung der Wertschätzung entfalten wollen, dann müssen Sie sich in der Kunst des richtigen Zuhörens üben (▷ Stille aushalten, ▷ Produktives Denken fördern). Dies ist Voraussetzung und zugleich Zeichen echter Wertschätzung. Mitarbeitende möchten gehört werden. Die Zeit, die Sie für Ihre Mitarbeitenden durch Zuhören investieren, ist doppelt ertragreich: Einerseits zeigen Sie dadurch den Mitarbeitenden, dass sie und ihre Meinungen wichtig sind, und andererseits erhalten Sie Hinweise für ein wertschätzendes Feedback.

Arten von Wertschätzung

Komplimente können unterschiedlich eingesetzt werden, um Funktionierendes hervorzuheben und zu fördern. In Anlehnung an de Jong und Berg (2003) unterscheiden wir hier folgende Formen der Wertschätzung:

1. *Direkte Wertschätzung:* Sie würdigt das, was das Gegenüber gut getan hat und gut kann. Dies kann entweder als positive Würdigung oder als Bewunderung formuliert werden:
   - *Positive Würdigung:* Benennt das Funktionierende neutral.
   - *Bewunderung:* Streicht das Funktionierende besonders hervor und verknüpft es mit einem Ausdruck der persönlichen Bewunderung, wie zum Beispiel «Ich bin stolz, dass du …», «Toll, wie du …» oder «Ich bin beeindruckt, wie du …».

Positive Würdigung: «Anja, ich habe gesehen, dass du gut vorbereitet warst auf das Treffen mit Marcel und ihn mit deiner positiven Art überzeugt hast.»

Bewunderung: «Anja, *ich bin begeistert,* wie du es geschafft hast, Marcel von deinen Argumenten zu überzeugen. Deine gute Vorbereitung und deine positive Art waren für mich entscheidend. *Herzliche Gratulation!*»

Praxisidee

Verwenden Sie Bewunderung häufig Obwohl dies auf den ersten Blick vielleicht ungewöhnlich ist, lautet die Empfehlung: Verwenden Sie Bewunderung häufig.

Mit direkter Wertschätzung ermutigen Sie nicht nur Ihre Mitarbeitenden, sondern können deren Ideen und Lösungen zusätzlich verstärken. Verwenden Sie zum Beispiel im nächsten Gespräch folgende Formulierungen und füllen Sie die Lücke mit direkter Wertschätzung aus:

- «Ich bin beeindruckt, wie du ______________.»
- «Das, was du tust, ______________, stimmt mich sehr zuversichtlich.»
- «Ich bin überzeugt, dass du einen Schritt weiterkommst, weil ______________.»
- «Das, was du bis anhin machst, ______________, finde ich sehr gut. Du solltest dies unbedingt beibehalten.»

2. *Indirekte Wertschätzung:* Dies sind Fragen, die etwas Positives über das Gegenüber implizieren. Durch die Reflexion werden der befragten Person ihre eigenen Ressourcen und Stärken bewusst. Es gibt verschiedene Varianten, dies zu tun:
   - *Erfolgshandlungen eruieren:* Befragen Sie Ihre Mitarbeitenden, wie sie das Bisherige geschafft haben. Welches waren die Erfolgshandlungen des Mitarbeitenden, damit dies möglich wurde?
   - *Perspektive wechseln:* Erfragen Sie, welche Stärken eine andere Person, zum Beispiel ein anderer Mitarbeitender oder eine Kundin, bemerkt haben könnte.
   - *Expertise implizieren:* Fragen Sie nach, wie die vorhandene Expertise genau zustande gekommen ist.

Erfolgshandlungen eruieren: «Anja, wie hast du es genau geschafft, Marcel zu überzeugen? Was hast du getan, dass dies möglich wurde?»

Perspektive wechseln: «Was, denkst du, schätzt Markus an dir, dass er seine Meinung geändert hat und dir vertraut?»

Expertise implizieren: «Wie hast du gewusst, dass du Markus überzeugen kannst? Wann wurde dir dies klar?»

Praxisidee

Nutzen Sie Kraft der indirekten Komplimente. Indirekte Wertschätzung ist direkter Wertschätzung vorzuziehen, weil die Fragestellung die Mitarbeitenden dazu einlädt, ihre eigenen Stärken zu entdecken und zu benennen.

Auch umgedeutete Ressourcen können als direkte Wertschätzung benannt und mittels indirekter Wertschätzung erforscht werden:

Ressourcen umdeuten

Mitarbeiterin: «Ich bin zu zaghaft und kann mich nicht entscheiden.»
Vorgesetzte (direkte Wertschätzung): «Ich schätze deine Vorsicht und Sorgfalt. Ich finde es gut, dass du eine fundierte Entscheidung treffen möchtest.»

Vorgesetzte (indirekte Wertschätzung): «Was hat dir bei Entscheidungen in der Vergangenheit geholfen? Wie hast du es da geschafft zu entscheiden? Welche Schritte von damals könnten auch hier hilfreich sein?»

Praxisidee

Benennen Sie Funktionierendes Benennen Sie Funktionierendes häufig und deuten Sie Ressourcen um, wann immer es geht.

Wenn Ihre Komplimente echt sind und tatsächlich Funktionierendes benennen, müssen Sie keine Angst davor haben, dieses Instrument oft einzusetzen. Sie werden verblüfft sein, wie förderlich dies für das Klima und die Lösungsfindung ist. Je öfter Sie das Werkzeug der Wertschätzung einsetzen, desto größer ist auch die Chance, dass eine Kultur der Wertschätzung in Ihrer Abteilung entsteht. In Teil 2 und 3 finden Sie weitere Werkzeuge, welche die Wertschätzung unter den Mitarbeitenden fördern können (▷ Wertschätzungskultur schaffen, vgl. Erfolgsgeschichte 2 «Gegenseitige Wertschatzung durch die Erfolgsglocke» auf Seite 157).

Reflexionsfragen

Wann ist es Ihnen bereits sehr gut gelungen, Wertschätzung auszusprechen? Wie haben Sie dies genau geschafft? Welche Ihrer Stärken waren dabei besonders hilfreich?

3.5 Kleine Schritte festlegen – Wie können Sie mit der dynamischen Welt besser mithalten?

Das Festlegen von kleinen Schritten erhöht die Wahrscheinlichkeit des zukünftigen Erfolges sowie Ihre Effizienz und Effektivität als Führungskraft maßgeblich. Dieses zentrale Element der lösungsfokussierten Führung ist jedoch nicht immer ganz einfach umzusetzen. Das Verwenden von Fünf-Euro-Wörtern, das Schärfen der eigenen Wahrnehmung für die Zeichen der Verbesserung sowie Perspektivenwechsel helfen, um sinnvolle nächste Schritte abzuleiten, die Sie näher an Ihre gewünschte Zukunft bringen.

Lösungsfokussierte Führungskräfte sind sich bewusst, dass sie sich in einem dynamischen Umfeld bewegen. Was heute noch gilt, kann morgen bereits anders sein. Anstelle von Aktionsplänen, welche nach kurzer Zeit überholt sind, sind kleine Schritte nicht nur effektiver, sondern auch effizienter:

- *Erhöhte Effektivität (Das Richtige tun):* Kleine Schritte führen einerseits konsequent in die Richtung Ihrer gewünschten Zukunft. Andererseits sollen sie unmittelbar in den nächsten Tagen umsetzbar sein, damit sie der aktuellen Realität entsprechen und deshalb hoch relevant sind.
- *Größere Effizienz (Etwas richtig tun):* Kleine Schritte sind motivierend und einfach umsetzbar. Die Erfolgswahrscheinlichkeit ist deshalb sehr hoch. Erste Erfolge geben zudem einen Schub für nächste Maßnahmen. Bei der Entwicklung der weiteren kleinen Schritte in Richtung der gewünschten Zukunft können Sie zudem die Auswirkungen der erfolgreichen Umsetzung der ersten Schritte einbeziehen. Auf diese Weise stellen Sie sicher, dass Sie konsequent den Weg zu Ihrem Ziel verfolgen und keine Planungs- und Korrektur-Ressourcen verschwenden, wie dies bei Aktionsplänen üblich ist.

Kleine nächste Schritte sind außerdem mit einem kleineren Risiko verbunden. Der Ressourceneinsatz ist geringer und es kann leicht eine andere Richtung eingeschlagen werden, falls die Maßnahmen nicht wie gewünscht funktionieren.

Vergessen Sie nicht, Sie befinden sich in einem dynamischen Umfeld. Aufgrund der Komplexität wissen Sie oft nicht, was die genauen Auswirkungen Ihrer Handlungen sein werden. Deshalb helfen kleine nächste Schritte mit der Einstellung «Lass uns dies mal versuchen und schauen, was passiert» (Jackson/McKergow, 2007).

Anforderungen an kleine Schritte

Sinnvolle kleine nächste Schritte erfüllen folgende Anforderungen:

- Der nächste Schritt
  - soll Sie ein bisschen näher an die gewünschte Zukunft heranführen und
  - hat das Potenzial, dass sich etwas (allenfalls auch nur etwas Kleines) positiv verändert.
- Alle involvierten Personen
  - verstehen genau, was damit gemeint ist, da die Schritte spezifisch und klar definiert sind;
  - sind sehr motiviert, diese Schritte umzusetzen;
  - sind äußerst zuversichtlich, dass ihnen dies auch gelingen wird.
- Die erforderlichen Handlungen
  - können in den nächsten Stunden beginnen und rasch umgesetzt werden und
  - können mit den bereits vorhandenen Ressourcen eingeleitet werden.

Praxisidee

Checkliste für kleine nächste Schritte Prüfen Sie Ihre nächsten Schritte mit folgender Checkliste:

- Besteht Hoffnung, dass Sie dieser kleine Schritt näher ans Ziel bringt und etwas positiv verändert?
- Verstehen alle involvierten Personen, was darunter verstanden wird?
- Sind alle involvierten Personen motiviert, diesen Schritt umzusetzen, und zuversichtlich, dass dies gelingen wird?
- Können Sie mit den vorhandenen Ressourcen in kurzer Zeit beginnen und diesen Schritt rasch umsetzen?

Falls eine Anforderung nicht erfüllt wird, versuchen Sie, Ihren nächsten Schritt noch kleiner zu fassen.

Fünf-Euro- statt Tausend-Euro-Wörter

Sie können auf einfache Weise überprüfen, ob die nächsten Schritte klar und verständlich sind: Erzählen Sie einem fünfjährigen Kind, was Sie machen möchten. Versteht es dies, dann sind die Schritte verständlich. Falls nicht, versuchen Sie einfachere Worte zu wählen.

Verwenden Sie Fünf-Euro-Wörter, die alle verstehen, und keine Tausend-Euro-Wörter, die nur gut klingen. Sie werden feststellen, dass auf diese Weise Ihre nächsten Schritte automatisch kleiner und handhabbarer werden. Wenn Sie eine einfache und verständliche Sprache verwenden, dann ist die Chance sehr viel höher, dass alle involvierten Personen verstehen, um was es geht, und dieser nächste Schritt auch tatsächlich Realität wird.

Fünf-Euro- statt Tausend-Euro-Wörter verwenden

Variante 1 mit Tausend-Euro-Wörtern: «Wir re-designen den Business Process Support für Change Agents zur Lancierung von Projekten aus Sicht des Qualitätsmanagements.»
Variante 2 mit Fünf-Euro-Wörtern: «Wir erstellen eine Checkliste, die Projektleitende beim Start von neuen Projekten unterstützt.»

Praxisidee

Verwenden Sie eine einfache Sprache Formulieren Sie Ihre nächsten Schritte so einfach, dass sie auch von Außenstehenden gut verstanden werden.

Die Zeichen des Fortschritts erkennen

Mit dem Festlegen von kleinen nächsten Schritten geht die Schärfung der Wahrnehmung für die *Zeichen einer möglichen Verbesserung* einher. Fragen Sie sich, woran Sie feststellen werden, dass Sie tatsächlich einen kleinen Schritt weitergekommen sind. Auf diese Art stellen Sie nicht nur sicher, dass Sie die positiven Veränderungen in Zukunft auch wahrnehmen, sondern auch, dass Sie sehen, was funktioniert, und nachvollziehen können, wie diese Fortschritte erreicht wurden. Das ermöglicht Ihnen, in Zukunft noch mehr von dem zu tun, was funktioniert hat.

Folgende Fragen helfen, die Aufmerksamkeit auf die erkennbaren Signale der gewünschten Veränderung zu lenken:

- Woran wirst du feststellen, dass dieses Gespräch nützlich gewesen ist?
- Woran wirst du erkennen, dass du einen kleinen Schritt näher an der gewünschten Zukunft bist?
- Was sind erste kleine Zeichen, die dir zeigen, dass du auf dem richtigen Weg bist?

- Was sind positive Auswirkungen des nächsten kleinen Schrittes, die du sicher bemerken wirst?
- Was sind erste Zeichen nach diesem Gespräch, die dir Hinweise geben, dass du bereits daran bist, den ersten kleinen Schritt zu tun?

Da Sie sich in einem komplexen System befinden, können Sie Ihre nächsten Schritte auch mit Hilfe von *Perspektivenwechseln* prüfen. Wählen Sie relevante andere Personen aus, die den nächsten Schritt bemerken werden, und versetzten Sie sich in deren Lage. Vielleicht sind es die anderen Mitarbeitenden, eventuell gewisse Anspruchsgruppen, andere Abteilungen oder Ihre Vorgesetzten. Überlegen Sie, woran diese erkennen werden, dass Sie einen Schritt weitergekommen sind, und was diese als Reaktion darauf tun werden. Dies gibt Ihnen auf der einen Seite weitere Inputs für sinnvolle nächste Schritte. Auf der anderen Seite erhalten Sie Hinweise auf mögliche Verhaltensweisen von anderen, die Sie in Ihre Überlegungen einbeziehen können. Falls die Reaktionen von anderen unterstützend sind, können Sie mehr davon tun. Falls diese eher kritisch sind, lohnt es sich allenfalls, zu überlegen, was Sie anders tun könnten.

Folgende Fragen ermöglichen Ihnen einen Perspektivenwechsel:

- Woran werden andere relevante Personen feststellen, dass Sie einen Schritt weitergekommen sind?
- Was werden diese als Reaktion auf Ihren nächsten Schritt tun?
- Wer wird es ganz sicher bemerken? Und wie genau?
- Woran erkennen diejenigen, die Sie unterstützen wollen, dass sie dazu eingeladen sind?

Praxisidee

Erkennen Sie zukünftige Fortschritte bereits heute Schauen Sie voraus und überlegen Sie sich bereits jetzt, wie Sie und andere in Zukunft erkennen, dass Sie Fortschritte erzielt haben werden.

Reflexionsfragen

Woran werden Sie merken, dass Sie selber einen kleinen Schritt weiter sind? Was werden Sie dann anders tun?

3.6 Experimente wagen – Warum sollten Sie nicht alles so ernst nehmen?

Lösungsfokussierte Experimente leiten die Aufmerksamkeit aller Beteiligten auf die funktionierenden Aspekte des Alltags und machen diese nutzbar für zukünftige Lösungen. Beobachtungsexperimente, «So tun, als ob»-Experimente, Münzwurf-Experimente sowie Prophezeiungsexperimente können in unterschiedlichen Situationen eingesetzt werden, um die Wahrscheinlichkeit nützlicher Handlungen in Zukunft zu erhöhen.

Experimente funktionieren ähnlich wie kleine nächste Schritte und eigenen sich immer dann, wenn es darum geht, die Aufmerksamkeit auf nützliche Aspekte zu lenken. Als Experimente werden dabei strukturierte Aufgaben verstanden, die Sie Ihrem Gegenüber mitgeben können, damit es in den nächsten Tagen dranbleiben und neue Erkenntnisse gewinnen kann. Oft werden Experimente dann eingesetzt, wenn noch keine nächsten Schritte definiert werden können. Die Einstellung ist die gleiche: «Lass uns etwas ausprobieren und schauen, was passiert.» Dank der Formulierung, dass es sich um ein Experiment handelt, ist die Fehlertoleranz meist weitaus größer als bei konkreten Maßnahmen. Wenn es gut funktioniert, dann ist dies wunderbar. Sollte es nicht klappen, dann ist es jedoch auch nicht dramatisch. Ein entspannter Umgang hilft, handlungsfähiger zu werden.

Generell können vier Grundformen von Experimenten unterschieden werden (Szabo/Berg, 2006):

- *Beobachtungsexperimente* beobachten das Funktionierende in der Praxis.
- *«So tun, als ob»-Experimente* ermöglichen ein Erlebnis der gewünschten Zukunft.
- *Münzwurf-Experimente* erlauben Entscheidungen, auch wenn das Gefühl besteht, dass die Lösung außerhalb des Einflussbereiches liegt.
- *Prophezeiungsexperimente* lenken die Aufmerksamkeit auf die richtige Vorhersage.

Wie kleine nächste Schritte entfalten auch Experimente nur dann ihre volle Wirkung, wenn Ihr Gegenüber dazu motiviert ist und dies auch tun möchte.

Praxisidee

Wecken Sie Neugier für Experimente Wenn Sie als Führungskraft ein Experiment vorschlagen, ist es ratsam, eine Einleitung zu wählen, welche die Neugier weckt und die Bereitschaft Ihrer Mitarbeitenden, sich darauf einzulassen, erhöht.

Experimente gut einleiten

«Mir ist etwas eingefallen, was dir helfen könnte, dein Ziel zu erreichen. Es gibt natürlich keine Garantien, aber es braucht nur wenig oder keine zusätzliche Zeit von dir. Es mag auf den ersten Blick merkwürdig erscheinen, kann dir aber wertvolle Informationen darüber vermitteln, wie du weiter Fortschritte machen kannst. Möchtest du hören, worum es geht?» (Meier/Szabo, 2008)

Beobachtungsexperimente

Mit Beobachtungsexperimenten können Sie den Fokus Ihrer Mitarbeitenden auf das lenken, was in der unmittelbaren Praxis tatsächlich funktioniert. Diese Art von Experiment eignet sich immer dann hervorragend, wenn die Mitarbeitenden im Gespräch nicht wissen, wovon sie mehr tun könnten. Dank der Beobachtung des Funktionierenden in der Praxis erhalten sie Hinweise für hilfreiche Aktivitäten, die sie unterstützen. Da diese bereits funktioniert haben, ist es anschließend in der Regel relativ einfach, mehr davon zu tun.

Und so funktioniert es: Laden Sie Ihre Mitarbeitenden ein, in den nächsten Tagen zu beobachten, was alles gut funktioniert und dies festzuhalten. So schärfen Ihre Mitarbeitenden ihre Wahrnehmung für Funktionierendes und lernen direkt aus der eigenen Praxis für die Zukunft.

Funktionierendes beobachten

Variante 1: «Beobachte in den nächsten Tagen, was in deinem Arbeitsalltag bereits schon ein bisschen funktioniert und führe eine Strichliste. Mach für alles, was funktioniert, einen Strich und bring deine Notizen an unser nächstes Einzelgespräch mit.»

Variante 2: «Beobachte in den nächsten Tagen, was bei dir in deinem Arbeitsalltag bereits alles schon ein wenig in Richtung der gewünschten Zukunft geht. Notiere, wie du es geschafft hast, dass dies möglich wurde.»

«So tun, als ob»-Experimente

Bei den «So tun, als ob»-Experimenten laden Sie Ihr Gegenüber dazu ein, für eine bestimmte Zeitperiode so zu tun, als ob das Wunder (Abschnitt 3.2) eingetroffen sei, oder, in einer abgeschwächten Form, als ob Ihr Gegenüber bereits einen Schritt weiter wäre. Es eignet sich gut, wenn Ihre Mitarbeitenden eine klare Beschreibung ihres Verhaltens in der gewünschten Zukunft geben können.

Lassen Sie Ihr Gegenüber eine begrenzte Zeit auswählen, zum Beispiel jeweils zehn Minuten in den nächsten drei Tagen, in der so getan wird, als ob das Wunder bereits eingetroffen sei. Mehr oder häufiger ist nicht immer besser. Beginnen Sie am Anfang lieber klein und dafür erfolgreich. Zudem hat es sich in der Praxis bewährt, wenn die Person Ihr «So tun, als ob»-Verhalten nicht öffentlich verkündet, sondern es einfach in der gewählten Zeitspanne tut und darauf achtet, wie andere auf das veränderte Verhalten reagieren. Wer wird die erste Person sein, der es auffällt, und was wird diese als Reaktion auf das neue Verhalten tun?

Oft kommen Mitarbeitende nach diesem Experiment zurück und sind erstaunt, wie einfach es war, das neue Verhalten an den Tag zu legen, und wie positiv die anderen reagiert haben. Das Erleben der gewünschten Zukunft kann wahre Wunder bewirken. Und sobald

So tun, als ob das Wunder geschehen wäre

Einleitung: «Du hast mir vorhin detailliert beschrieben, was du am Tag nach dem Wunder antriffst und wie du dich dann verhalten wirst. Zudem hast du mich im Gespräch überzeugt, wie wichtig es dir ist, loszulegen. Deshalb möchte ich dich zu einem Experiment einladen …»

Variante 1: «Such dir in der nächsten Woche drei Tage aus, an denen du für jeweils fünf bis zehn Minuten pro Tag genau so tust, als ob das Wunder eingetroffen sei, und dich genau so verhältst, wie du es mir vorhin geschildert hast. Erzähl es aber niemandem. Beobachte neugierig, was funktioniert und wie andere darauf reagieren.»

Variante 2: «Such dir in der nächsten Woche drei Tage aus, an denen du für eine begrenzte Zeit genau so tust, als ob das Wunder eingetroffen sei. Wirf am Vortag jeweils zwei Würfel. Die Anzahl der gewürfelten Augen gibt dir die Uhrzeit sowie die Dauer an. Wenn du zum Beispiel eine fünf und eine sechs würfelst, heißt dies, dass du um 11.00 Uhr für elf Minuten so tust, als ob. Bei einer Vier und einer Eins beginnen die fünf Minuten um 17.00 Uhr. Erzähl es aber niemandem, sondern genieße das Erlebnis.»

Teile der gewünschten Zukunft bereits einmal erfolgreich erlebt wurden, ist es auch hier wieder einfach, mehr davon zu tun.

Münzwurf-Experimente

Das Werfen einer Münze verbinden wir mit einer Zufallsentscheidung. Dieses Experiment ist dann sinnvoll, wenn sich die Entscheidung, ein gewisses Verhalten zu zeigen, scheinbar außerhalb des Beeinfluss- und Kontrollierbaren befindet.

Wenn sich Ihr Mitarbeitender zum Beispiel oft nicht entscheiden kann, wann er mit der ungeliebten Arbeit beginnen soll, lassen Sie eine Münze entscheiden. Laden Sie ihn ein, bei zukünftigen Entscheidungssituationen eine Münze zu werfen. Bei Kopf beginnt er sofort, bei Zahl macht er etwas ganz anderes und vermeidet es vollständig, an die ungeliebte Arbeit auch nur zu denken. Es kommt oft vor, dass Mitarbeitende beim nächsten Gespräch berichten, dass ihnen dieses Experiment einen anderen Umgang mit ihrem Thema ermöglicht hat. Einige fühlen eine Entlastung und genießen die freie Zeit, ohne darüber nachdenken zu müssen. Andere berichten, dass sie auch dann sofort damit begonnen haben, als die Münze Zahl angezeigt hat. In beiden Fällen wird die Aufmerksamkeit weg von schwierigen Gedanken hin zur konkreten Handlung geführt. Und meist ist diese dann gar nicht so schwierig umzusetzen.

Prophezeiungsexperimente

Prophezeiungs- oder Vorhersage-Experimente lenken die Aufmerksamkeit weg vom «richtigen» Verhalten hin zur korrekten Vorhersage und ermöglichen so einen unverkrampften Umgang mit der nur teilweise beeinflussbaren Zukunft. Sie eignen sich dann hervorragend, wenn Mitarbeitende entweder verkrampft versuchen, das «einzig Richtige» zu tun, oder dann, wenn Mitarbeitende wenig Selbstvertrauen in die eigenen Entscheidungen und Fähigkeiten haben.

Und so funktioniert dieses Experiment: Ermutigen Sie Ihr Gegenüber, in den nächsten Tagen jeweils am Vorabend vorherzusagen, ob es ihm am nächsten Tag gelingt, das von ihm gewünschte Verhalten zu zeigen. Falls die Vorhersage stimmt, bekommt ihr Gegenüber einen Punkt. Falls die Person nicht selber vorhersagen möchte, kann sie wie oben eine Münze dazu verwenden.

Richtig vorhersagen

Variante 1: «Sag in den nächsten fünf Tagen jeweils am Vorabend voraus, ob es dir am nächsten Tag gelingt, dein gewünschtes Verhalten zu zeigen. Für jede richtige Vorhersage bekommst du einen Punkt. Wenn du zum Beispiel sagst, du schaffst es, und es dann am nächsten Tag auch tatsächlich schaffst, gibt es einen Punkt. Das Gleiche, falls du vorhersagst, dass du es nicht schaffst und es dann tatsächlich auch nicht schaffst.»

Variante 2: «Wirf in den nächsten fünf Tagen jeweils am Vorabend eine Münze. Kopf heißt, du schaffst es, dein gewünschtes Verhalten am nächsten Tag zu zeigen. Zahl heißt, du schaffst es nicht. Für jede Vorhersage, die eintrifft, gibt es einen Punkt.»

Im nächsten Gespräch können Sie dann erfragen, was die Mitarbeitenden auf diesem Weg entdeckt haben und was nun besser ist. Achten Sie darauf, dass Sie auf das fokussieren, was funktioniert hat, und vergessen Sie nicht, dies zu betonen und auch wertzuschätzen.

Prophezeiungsexperimente können auch sehr gut mit Skalierungen ergänzt werden (Abschnitt 3.7).

Praxisidee

Wenden Sie Experimente bewusst an Schlagen Sie Experimente immer dann vor, wenn Ihre Mitarbeitenden entweder nicht genau wissen, wie sie vorgehen sollen, oder wenn Sie die Wahrscheinlichkeit der gewünschten Zukunft erhöhen möchten. Falls die Mitarbeitenden genau wissen, wie sie weitergehen wollen, und eine hohe Zuversicht haben, dass sie dies auch schaffen werden, lohnt es sich, bewusst zu entscheiden, ob ein zusätzliches Experiment noch sinnvoll ist. Lieber wenige kleine Schritte, die auch tatsächlich umgesetzt werden, als viele zusätzliche Aufgaben. Zudem ist es wichtig, dass die Mitarbeitenden selber entscheiden können, ob sie ein Experiment durchführen wollen. Und vielleicht haben Ihre Mitarbeitenden selber Ideen für sinnvolle Experimente, die sie mit Neugier und Freude angehen wollen.

Reflexionsfragen

Welches Experiment werden Sie als nächstes selber oder mit Ihren Mitarbeitenden ausprobieren?

3.7 Skalierungen – Wie machen Sie Erfolge messbar und nutzbar?

Mit lösungsfokussierten Skalen werden Erfolge besonders gut sichtbar. Die Visualisierung ermöglicht es, positive Ausnahmen besser zu erkennen und für zukünftige Lösungen nutzbar zu machen. Skalierungen verbinden zudem alle bisher genannten lösungsfokussierten Werkzeuge in einem Multifunktionstool.

Lösungsfokussierte Skalen funktionieren wie ein Schweizer Taschenmesser: Sie integrieren alle bisher bekannten Werkzeuge in einem Multifunktionstool. Mit Skalen können Sie die gewünschte Zukunft einfach erforschen, bereits Funktionierendes erkunden und wertschätzend sichtbar machen sowie kleine nächste Schritte und Experimente definieren. Zudem werden Themen, die kaum zu quantifizieren sind, besser handhabbar. Auch kleine Unterschiede, die sprachlich nur schwer zu fassen sind, werden durch die Visualisierung ersichtlich und damit für Fortschritte nutzbar.

Fortschritte mit einer Skala visualisieren

Mit Hilfe einer Fortschrittsskala können Sie bisherige Erfolge Ihrer Mitarbeitenden sichtbar und nutzbar machen. Und so funktioniert die Grundstruktur:

1. *Skala einrichten:* Zeichnen Sie eine gerade horizontale Linie auf ein A4-Papier. Beschriften Sie den Anfang der Linie mit 1 und das Ende mit 10. Schon ist Ihre Skala bereit.

2. *Standort bestimmen:* Wo stehen Sie auf dieser Skala von 1 bis 10, wenn 10 heißt, dass Sie Ihr Ziel erreicht haben, und 1 das Gegenteil bedeutet? Zeichnen Sie diesen Punkt X ein.

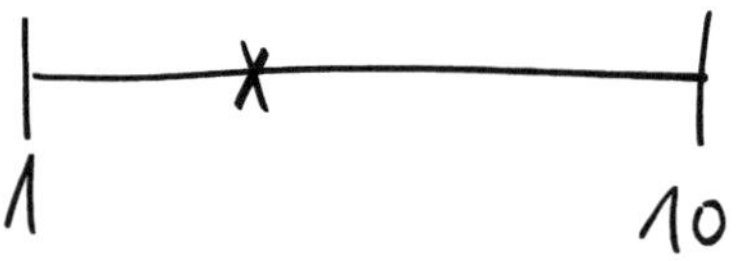

3. *Bereits Funktionierendes erkennen:* Was macht es alles aus, dass Sie bereits bei X stehen und nicht mehr bei 1? Wie haben Sie dies geschafft? Über welche Ressourcen und Stärken verfügen Sie, die Sie für die Lösung einsetzen können?

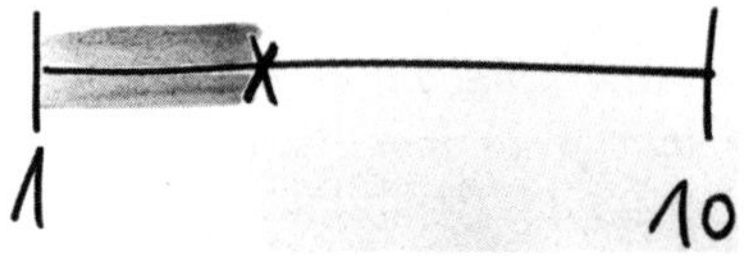

4. *Ziel festlegen:* Wo auf der Skala möchten Sie gerne in Zukunft stehen, zum Beispiel heute Nachmittag, in einer Woche oder in einem Monat? Zeichnen Sie diesen Punkt Z ein. Was wird dort anders sein? Was werden Sie dort anders tun?

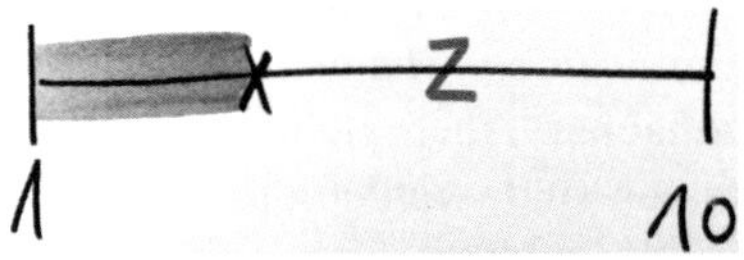

5. *Kleine nächste Schritte anpeilen:* Woran werden Sie merken, dass Sie einen kleinen Schritt weiter sind? Wo stehen Sie dann auf der Skala? Woran werden dies andere bemerken? Was wäre ein sinnvoller nächster Schritt, um ein bisschen höher zu kommen auf der Skala?

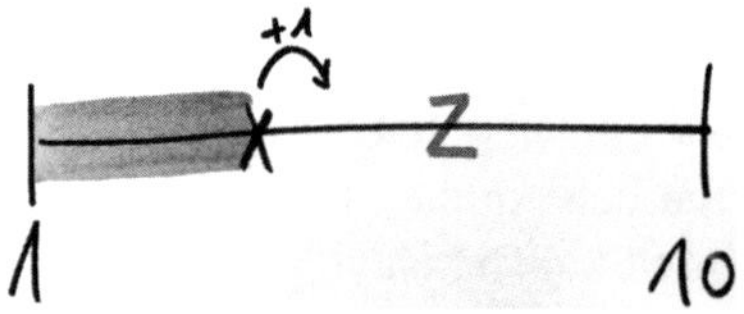

Sie können diese Grundstruktur einfach mit weiteren bereits bekannten Elementen erweitern:

- *Vorboten:* Erfragen Sie zum Beispiel zwischen Schritt 3 und 4 die bereits erlebten Vorboten: «Wo stehen die vorhin genannten Situationen, die du als Vorboten erwähnt hast, auf dieser Skala? Was war dort anders? Was hast du dort anders gemacht?»

- *Perspektivenwechsel:* Befragen Sie Ihren Mitarbeitenden nach Schritt 2, wo andere Personen ihn sehen: «Wenn ich deine Kunden frage, wo du auf der Skala stehst, wo würden sie dich sehen? Was werden sie mir erzählen, was du bereits alles gut machst?»
- *Prophezeiungsexperiment:* «Sage am Vorabend jeweils voraus, wo auf der Skala du am nächsten Tag um 17.00 Uhr stehen wirst. Was wirst du dann anders getan haben, als du es heute tust? Beobachte am nächsten Tag, was alles funktioniert.»
- *Wunder:* «Wo befindet sich der Tag nach dem Wunder auf der Skala? Was tust du dort anders?»

Weitere Skalen

Neben der Fortschrittskala können Sie beliebige andere Skalen entwickeln. Beliebt sind insbesondere die

- *Zuversichtsskala:* «Wie zuversichtlich bist du auf einer Skala von 1 bis 10, dass du den nächsten Schritt morgen durchführen wirst? Was stimmt dich zuversichtlich? Was können wir tun, um deine Zuversicht um einen Punkt zu erhöhen?» (▷ Zuversicht stärken)
- *Motivationsskala:* «Wie motivierst bist du auf einer Skala von 1 bis 10? Was macht es aus, dass du bereits bei X bist? Wo auf der Skala möchtest du, dass deine Motivation steht? Was wirst du dort anders tun?»

Weiter können Sie aber auch den Lernerfolg, die Zufriedenheit, die Gelassenheit oder beliebig viele andere Eigenschaften, Themen oder Ziele skalieren. Übung macht den Meister: Probieren Sie es aus, und Sie werden bald feststellen, dass kaum Grenzen gesetzt sind (▷ Skalierungskünste erweitern). Und ganz sicher werden Sie bald auch die Kunst der ▷ Multiskalierung meistern.

Praxisidee

Achten Sie darauf, wie Sie die Skalenwerte definieren Die Wirkung von Skalierungen kann durch die Definition der Skala beeinflusst werden. Folgendes hat sich in der Praxis bewährt:

- *Start mit 1:* Starten Sie die Skala nie mit 0, sondern immer mit einem positiven Wert, zum Beispiel 1. Dies symbolisiert, dass auch dort bereits etwas vorhanden ist, das funktioniert. Ihre Mitarbeitenden haben auch dort Stärken, Ressourcen und bereits Erlebtes. All das können sie nach Funktionierendem durchforsten.
- *Beschreiben Sie nur die 10:* Wählen Sie für den Skalenwert 10 eine positive Beschreibung (zum Beispiel: «10 ist der Tag nach dem Wunder») und erwähnen Sie bei 1 lediglich, dass es sich um das Gegenteil handelt. Beschreiben Sie 1 nicht, sondern überlassen Sie dies der Phantasie Ihres Gegenübers.
- *Falls Sie die 1 beschreiben, dann besonders tief:* Wenn Sie die 1 auch beschreiben möchten, dann verwenden Sie eine Formulierung, bei der Ihr Gegenüber mit großer Sicherheit einen höheren Wert auswählt, zum Beispiel: «… und 1 bedeutet, dass es unter keinen Umständen vorstellbar ist, dass es noch schlimmer kommt.» Auf diese Weise können Sie und Ihr Gegenüber bereits Funktionierendes einfacher erkennen.

Reflexionsfragen

Wo stehen Sie auf einer Skala von 1 bis 10 bezüglich Ihrer lösungsfokussierten Führungskompetenz, wenn 10 bedeutet, dass Sie bereits das eine oder andere erfolgreich angewendet haben, und 1 heißt, dass Sie es nie schaffen werden auch nur etwas Kleines umzusetzen? Welche Erkenntnisse haben Sie bereits gewonnen, dass Sie schon bei X stehen? Wo möchten Sie auf dieser Skala in einer Woche stehen? Und was werden Sie dann anders getan haben?

4 Ein lösungsfokussiertes Gespräch führen

Die klassischste aller Einsatzmöglichkeit der lösungsfokussierten Führung ist das lösungsfokussierte Gespräch mit einem einzelnen Mitarbeitenden. Der hier abgebildete Gesprächsfragebogen soll Ihnen ein konkretes Bild geben, wie ein solches ablaufen kann. Je nach Zeitrahmen und Ziel des Gespräches können nur einzelne Werkzeuge oder die gesamte Palette angewendet werden.

In meiner eigenen Führungspraxis habe ich Lösungsfokussierung anfangs nur dann eingesetzt, wenn Mitarbeitende ein konkretes Thema hatten, für das sie eine Lösung suchten, oder um ihre persönliche Weiterentwicklung zu thematisieren. Aufgrund der positiven Ergebnisse habe ich nach und nach die einzelnen Werkzeuge in den unterschiedlichsten Bereichen meines Führungsalltags mit großem Erfolg angewendet.

Damit Sie sich ein besseres Bild eines lösungsfokussierten Gespräches machen können, bei dem alle Werkzeuge zur Anwendung kommen, stelle ich Ihnen dies in Form eines chronologischen Gesprächsfragebogens vor (vgl. Abbildung 6). Für den Anfang ist es hilfreich, mit diesen Fragen zu arbeiten. Mit der Zeit werden Sie feststellen, dass Sie beginnen, eigene Fragen und Formulierungen zu entwickeln.

Abb. 6: Ein lösungsfokussiertes Gespräch – Fragebogen

Lösungs-bereitschaft erhöhen (Abschnitt 3.1)	Wohlwollende Begrüßung: ■ Herzlich willkommen. Ich freue mich sehr, dass wir heute über dein Thema sprechen können, und ich bin überzeugt, dass du darin Fortschritte erzielen wirst. Fragen: ■ Um was geht es dir? ■ Und was ist dein Ziel? ■ Was muss für dich in diesem Gespräch geschehen, damit sich dieses für dich gelohnt hat? ■ Was sind deine besten Hoffnungen? ■ Was wäre ein gutes Resultat für dich am Ende dieses Gespräches? ■ An was wirst du am Ende des Gespräches erkennen, dass du einen Schritt weitergekommen bist?

Abb. 6: Ein lösungsfokussiertes Gespräch – Fragebogen (Fortsetzung)	
Gewünschte Zukunft fokussieren (Abschnitt 3.2)	Variante 1 – Ziel erforschen: ■ Nehmen wir an, du hast dein Ziel erreicht. Was wirst du dann anders machen? ■ Wie wird sich dies sonst noch auswirken? ■ Woran wird deine Umgebung merken, dass du dein Ziel erreicht hast? ■ Woran werde ich an deinem Verhalten merken, dass du dein Ziel erreicht hast? Variante 2 – Wunderbild entwerfen: ■ Stell dir vor, dass du heute Abend nach Hause gehst und irgendwann so richtig genüsslich einschläfst. In der Nacht, während du schläfst, geschieht ein Wunder. Dieses Wunder bewirkt, dass sich all das, was du mir soeben erzählt hast, einfach so gelöst hat. Da du aber geschlafen hast, weißt du nichts davon. Woran wirst du am nächsten Morgen erkennen, dass tatsächlich ein Wunder geschehen ist? ■ Woran merkst du es noch? ■ Was entdeckst du im Verlauf des nächsten Tages? ■ Was wirst du als Reaktion auf das Wunder tun? ■ Wie werden andere, dir wichtige Personen merken, dass ein Wunder geschehen ist? ■ Wie wirkt sich das Wunder auf deine Zusammenarbeit mit anderen aus? ■ Wie wird sich das Wunder sonst noch auswirken?
Skala einführen (Abschnitt 3.7)	■ Wo stehst du momentan auf einer Skala von 1 bis 10, auf der 10 bedeutet, dass du dein Ziel erreicht hast (Variante 1) oder das Wunder eingetroffen ist (Variante 2), und 1 für das Gegenteil steht?
Funktionierendes erkennen (Abschnitt 3.3)	■ Was hast du alles getan, dass du bereits da stehst und nicht mehr bei 1? ■ Wie hast du dies genau geschafft? ■ Was für Beispiele aus der unmittelbaren Vergangenheit gingen schon ein klein wenig in die gewünschte Richtung? ■ Wo stehen diese Beispiele auf der oben genannten Skala? ■ Was hast du dazu beigetragen, dass diese möglich wurden?
Positive Aspekte durch Wertschätzung stärken (Abschnitt 3.4)	■ Ich bin beeindruckt, wie du ____________. ■ Das, was du bereits tust, ____________, scheint mir sehr hilfreich, weil ____________.

Abb. 6: Ein lösungsfokussiertes Gespräch – Fragebogen (Fortsetzung)

Kleine Schritte festlegen (Abschnitt 3.5)	■ Nehmen wir an, du wärst auf der Skala bereits einen Schritt weiter. Woran würdest du dies merken? ■ Was sind weitere Anzeichen dafür, dass du weiter bist als zuvor? ■ Was wirst du dann tun, was du vorher noch nicht getan hast? ■ Und was noch? ■ Woran werden andere erkennen, dass du einen Schritt weiter bist? ■ Was wäre nach unserem Gespräch ein erstes kleines Zeichen, das dir zeigt, dass du auf dem Weg bist, diesen Schritt zu tun? ■ Wie zuversichtlich bist du auf einer Skala von 1 bis 10, dass du einen Schritt weiterkommen wirst? ■ Was stimmt dich alles zuversichtlich? ■ Was macht es aus, dass du auf der Skala schon bei X stehst? ■ Was könntest du tun (allenfalls: was könnten wir tun), damit deine Zuversicht noch einen Punkt auf der Skala nach oben rutscht? ■ Woran würdest du dies bemerken?
Erneut positive Aspekte durch Wertschätzung stärken (Abschnitt 3.4)	■ Das, was du vorhast, ____________, scheint mir sehr hilfreich, weil ____________. ■ Es stimmt mich zuversichtlich, dass du dein Ziel erreichen wirst, weil ____________.
Experimente wagen (Abschnitt 3.6)	Einleitung: ■ Mir ist noch etwas eingefallen, was dir helfen könnte, dein Ziel zu erreichen. Es gibt natürlich keine Garantien, aber es braucht nur wenig oder keine zusätzliche Zeit von dir. Es mag auf den ersten Blick merkwürdig erscheinen, kann dir aber wertvolle Informationen darüber vermitteln, wie du weiter Fortschritte machen kannst. Möchtest du hören, worum es geht? Variante 1 – Beobachtungsexperiment: ■ Beobachte in den nächsten drei Tagen, was alles funktioniert, und notiere dir jeweils, was du dazu beigetragen hast. Variante 2 – «So tun, als ob»-Experiment: ■ Wähle in den nächsten drei Tagen eine Zeit aus, während der du jeweils für zehn Minuten so tust, als ob das Wunder eingetroffen sei. Erzähle es niemandem, sondern beobachte einfach die Reaktionen der anderen. Variante 3 – Münzwurf-Experiment: ■ Wirf das nächste Mal eine Münze, wenn es dir schwerfällt, das, was du tun möchtest, umzusetzen. Bei Kopf tust du dies unverzüglich. Bei Zahl machst du etwas ganz anderes. Variante 4 – Prophezeiungsexperiment: ■ Sag in den nächsten drei Tagen jeweils am Vorabend voraus, ob es dir am nächsten Tag gelingt, etwas zu machen, was dich einen kleinen Schritt näher an die gewünschte Zukunft bringt. Falls die Vorhersage stimmt, bekommst du einen Punkt. Teile mir bitte nach drei Tagen die Anzahl Punkte mit.

Abb. 6: Ein lösungsfokussiertes Gespräch – Fragebogen (Fortsetzung)

Gesprächs-abschluss	▪ Wie nützlich war dieses Gespräch auf einer Skala von 1 bis 10? ▪ Was war besonders nützlich? ▪ Was davon soll ich in zukünftigen Gesprächen mehr tun? ▪ Was können wir nun machen, um den Nutzen für dich noch ein wenig mehr zu erhöhen? Vereinbarung des nächsten Gespräches: ▪ Was wäre ein guter Termin für ein Folgegespräch? Wertschätzung/Dank: ▪ Ich möchte mich bei dir ganz herzlich für deinen Einsatz bedanken. Ich bin froh, mit dir eine Expertin für deinen Arbeitsbereich zu haben, und bin zuversichtlich, dass du dein Ziel erreichen wirst, weil ____________.

Ein komplettes lösungsfokussiertes Gespräch in dieser Form dauert ungefähr eine Stunde. Vielleicht haben Sie diese Zeit nicht oder wollen sie nicht investieren. Das macht gar nichts. Sie können sich gerne daraus auch nur mit einzelnen Fragen bedienen. Bereits eine oder ein paar wenige Fragen können einen großen Unterschied machen (▷ Fünf-Minuten-Coaching einsetzen, ▷ Lösungsfokussierte Fragen stellen).

Beachten Sie auch, dass je nach Gesprächsverlauf nicht alle Fragen relevant sein müssen.

Praxisidee

Überlassen Sie es Ihrem Gegenüber zu entscheiden, ob die Frage relevant ist Auch wenn Sie im Vorfeld die Idee haben, dass eine Frage nicht relevant sein könnte oder schon beantwortet wurde, empfehle ich Ihnen, die Frage dennoch zu stellen. Lassen Sie sich überraschen, wie nützlich sie oft trotzdem ist. Und falls eine Frage wirklich nicht passt, wird Ihnen Ihre Gesprächspartnerin dies mitteilen. Dann können Sie sich dafür bedanken, dass sie Expertin für ihre eigene Situation ist, und wählen einfach eine nächste Frage aus.

Reflexionsfragen

Wie nützlich war dieser Überblick für Sie auf einer Skala von 1 bis 10? Was war besonders nützlich? Wie werden andere, Ihnen wichtige Personen merken, dass Sie davon profitieren konnten?

5 Erste Schritte umsetzen

Und nun ab in die Praxis! Aber vorzugsweise in kleinen Schritten, kombiniert mit klassischen Führungsinstrumenten. Beginnen Sie langsam, und entdecken Sie diese Art der Führung und deren Wirkung in Ihrem eigenen Führungsalltag. Nehmen Sie sich etwas vor und setzen Sie es um. Lernen Sie aus dem, was funktioniert hat, und bauen Sie Ihre lösungsfokussierte Art der Führung Schritt für Schritt aus.

Mussmann (2006) zeigt in ihrer Studie auf, dass Mitarbeitende die lösungsfokussierte Art der Führung schätzen. In einer Mitarbeitendenumfrage betonten sie dabei die Nützlichkeit

- des Handlungsspektrums und der Autonomie,
- der Gestaltung der sozialen Beziehung,
- der Kommunikation,
- der Entwicklung von Lösungen,
- des Umgangs mit Komplexität sowie
- des Entwickelns von Zielen.

Wie Mussmann jedoch auch betont, ist eine Koexistenz von klassischen Führungsinstrumenten mit einer lösungsfokussierten Haltung sinnvoll. Ein klassischer Führungsrahmen mit Zielvereinbarungen, Richtlinien und Führungskräften, welche die Verantwortung für Entscheidungen übernehmen, bietet auf der einen Seite Sicherheit. Auf der anderen Seite fordern Mitarbeitende zunehmend lösungsfokussierte Elemente ein, wie zum Beispiel eine hohe Wertschätzung sowie Mitbestimmung. Um die volle Wirkung zu entfalten, müssen Führungskräfte eine gute Balance zwischen klassischer und lösungsfokussierter Führung finden.

Praxisidee

Beginnen Sie in kleinen Schritten Starten Sie in kleinen Schritten und entdecken Sie, welche Elemente in Ihrer Situation besonders gut funktionieren. Machen Sie mehr davon und integrieren Sie diese Art der Führung nach und nach dort, wo sie für Sie Sinn macht.

In Teil 2 und 3 können Sie weitere spannende Einsatzmöglichkeiten und Vertiefungen dieses Führungsansatzes praxisorientiert kennenlernen. Entdecken Sie zum Beispiel den Nutzen und das Vorgehen lösungsfokussierter Verhandlungen (▷ Verhandlungen führen) oder lernen Sie, Kritik besser anzunehmen (▷ Kritik annehmen).

Wenn Sie nach der Lektüre dieses Buches weiterlernen möchten, bieten Ihnen verschiedene Netzwerke (▷ Netzwerke kennenlernen) Verknüpfungsmöglichkeiten mit anderen lösungsfokussierten Praktikerinnen und Praktikern.

Die Qualitätskriterien der «Association for the Quality Development of Solution Focused Training and Consulting» geben Ihnen zusätzlich einen guten Überblick über weitere nützliche lösungsfokussierte Verhaltensweisen (▷ Qualitätskriterien beachten). Zudem finden Sie auf der Website www.solutionfocusedleadership.com zusätzliche nützliche Informationen und Beispiele lösungsfokussierter Führung.

Reflexionsfragen

Welches Element der lösungsfokussierten Führung werden Sie morgen mit großer Zuversicht ausprobieren?

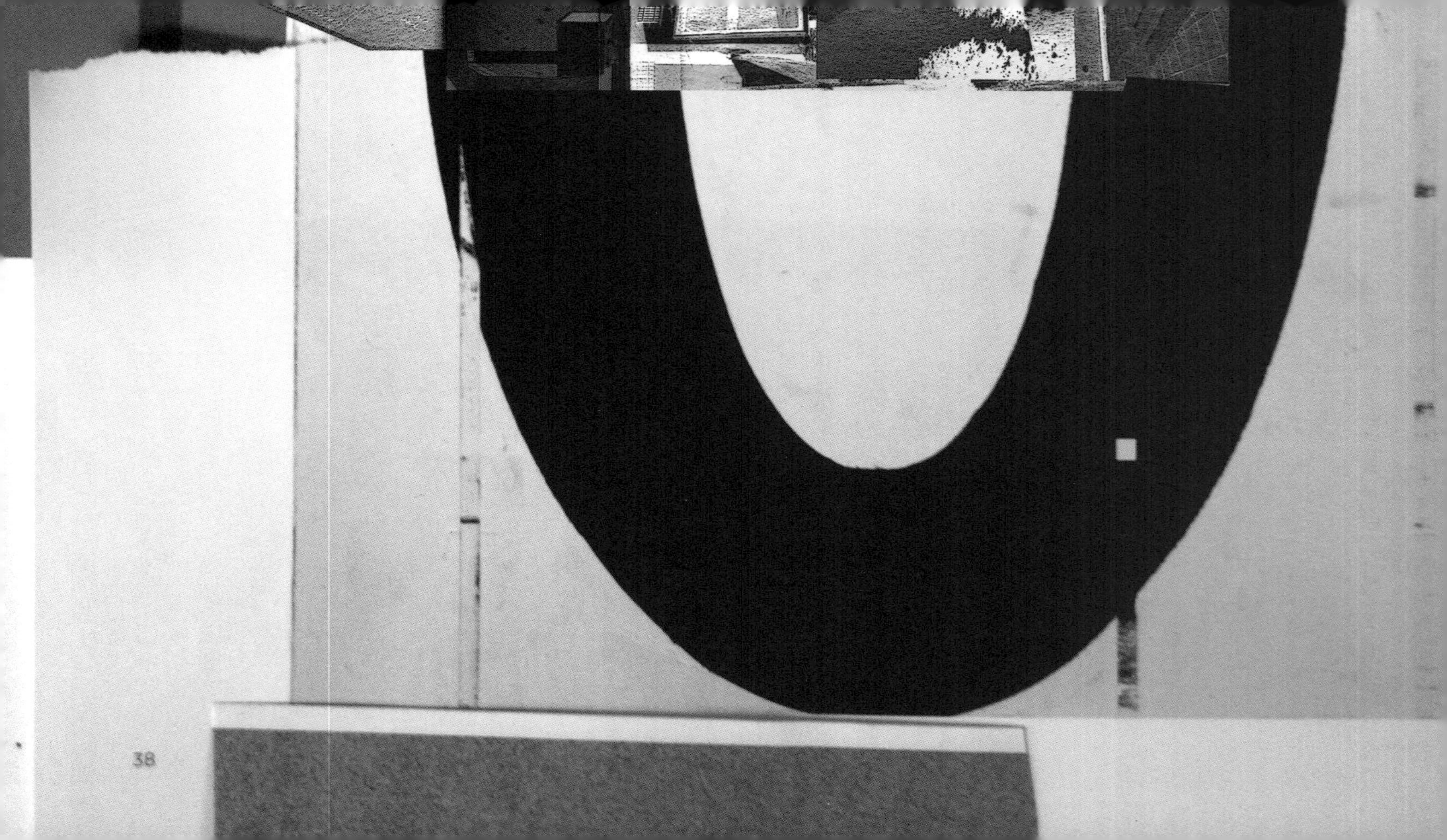

Lösungsfokussierte Führung von A bis Z

Jeden Tag eine gute Tat? Lösungsfokussierte Führung beschränkt sich nicht nur auf ausführliche Gespräche. Führungskräfte, welche dieses Verständnis in ihrer Führung integrieren, bemerken rasch, dass sie, auch in vielen Alltagssituationen, in denen nur wenig Zeit vorhanden ist, mit einzelnen Fragen oder einer kleinen Prise Wertschätzung äußerst viel bewirken können (▷ Fünf-Minuten-Coaching einsetzen). Wenn es Ihnen gelingt, mit wenigen Fragen den Fokus der Mitarbeitenden vom Problem auf die Lösungsebene zu lenken, erhöhen Sie die Effektivität Ihrer Interaktionen stark. Wenn Sie dies mit regelmäßiger Anerkennung kombinieren, werden Sie rasch merken, dass sich die Stimmung positiv verändert und die Produktivität sowie das Engagement der Mitarbeitenden steigen.

Tägliche Wertschätzung Nehmen Sie sich zum Beispiel vor, den Mitarbeitenden täglich eine wertschätzende Botschaft zukommen zu lassen. Dies kann mündlich im Gespräch, aber auch schriftlich, zum Beispiel per E-Mail oder mit einer Notiz, erfolgen. Es ist gar nicht so aufwendig, wie Sie nun vielleicht denken. Nutzen Sie die Kommunikationsformen, die Sie sowieso täglich einsetzen. Ergänzen Sie zum Beispiel das E-Mail, das Sie dem Mitarbeitenden ohnehin schreiben, mit einem Kompliment. Dies hat nicht nur eine motivierende Wirkung auf die Mitarbeitenden, sondern kann sich auch als Kultur der Wertschätzung etablieren (▷ Wertschätzungskultur schaffen). Sie können selbstverständlich auch direkte und indirekte Wertschätzung abwechseln (Abschnitt 3.4). Fragen Sie doch bei der nächsten Erfolgsmeldung nach: «Wow, herzliche Gratulation! Wie hast du das genau geschafft? Was hast du gemacht, dass dies möglich wurde?»

Lösungsfokussierte Alltagsgespräche Auch in Alltagsgesprächen, zum Beispiel in der Pause, einer Konversation vor einer Sitzung, einem spontanen Treffen im Treppenhaus oder auf dem Weg zur nächsten Besprechung, können Sie einzelne lösungsfokussierte Fragen einstreuen (▷ Lösungsfokussierte Fragen stellen). Führungskräfte, welche dies tun, stellen oft rasch fest, dass diese Art der Konversation viel nützlicher ist, und reduzieren die Anzahl problemorientierter Fragen in der Regel massiv.

Die Frage «Wie geht es dir?» wird zum Beispiel typischerweise problemorientiert verstanden. Beginnen Sie ihr nächstes Gespräch doch mal mit: «Guten Tag, Manfred, Ich freue mich, dich zu sehen. Sag mal, was hat dich eigentlich bereits besonders gefreut am heutigen Tag?» Und schon beginnen Sie über Funktionierendes zu sprechen, das die Person für die Zukunft nutzen kann.

Praxisidee

Streuen Sie bei Ihrem nächsten Alltagsgespräch eine der folgenden Fragen ein und beobachten Sie die Wirkung:

- Was hat bei dir heute bereits alles schon gut funktioniert?
- Auf was bist du heute besonders stolz?
- Wo möchtest du heute Abend, wenn du nach Hause gehst, stehen?
- Woran würde ich heute Abend sehen, dass es für dich ein guter Tag war?
- Was wäre anders, wenn du heute Abend einen Schritt weiter wärst?
- Was möchtest du als Ziel erreichen?
- Und was wäre nun ein sinnvoller nächster Schritt?

Ihre Kommunikation hat Vorbildcharakter

«Bei Antritt meiner neuen Führungsfunktion vor achtzehn Monaten habe ich mir vorgenommen, in jedem Gespräch am Arbeitsplatz mindestens eine lösungsfokussierte Frage zu stellen oder ein Kompliment zu geben. Für mich ist es heute äußerst spannend zu sehen, dass die Mitarbeitenden sich untereinander die gleichen Fragen stellen und sich gegenseitig Komplimente machen.»

«Es war großartig zu sehen, wie sich ein paar einfache Fragen von Person zu Person verbreitet haben mit positiven Resultaten für alle.»

«Meine Mitarbeitenden denken mittlerweile lösungsfokussiert, ohne dass sie wissen, was Lösungsfokussierung ist und dass es passiert.»

(Godat/Kocher/Scheiber, 2013, übersetzt aus dem Englischen)

Literatur und Links

Website mit weiteren Beispielen und nützlichen Informationen zu lösungsfokussierter Führung: www.solutionfocusedleadership.com

Nützliche Evaluationen? In der heutigen Unternehmenspraxis sind Auswertungen allgegenwärtig. Sie werten Projekte aus, evaluieren Maßnahmen oder bewerten erbrachte Leistungen von Mitarbeitenden. Doch messen Sie auch das Richtige? Wenn Sie im Rahmen von Soll-Ist-Vergleichen vor allem Defizite analysieren, dann liegt viel Potenzial brach.

Auswertungen sind aus lösungsfokussierter Perspektive dann nützlich, wenn sie helfen, die Unternehmensziele zu erreichen. Deshalb sollte der Fokus auf den Elementen liegen, die Sie einen Schritt näher an die gewünschte Zukunft bringen. Es sind dies insbesondere

- die bereits erreichten Fortschritte,
- das Wissen darüber, wie diese erreicht wurden,
- das aktuell Funktionierende,
- die nützlichen Verhaltensweisen der Mitarbeitenden,
- alle Elemente, welche die Mitarbeitenden zuversichtlich stimmen und für weitere Schritte motivieren.

Hirschburger (2006) hat die Begriffe «Resourceful Evaluation» und «Resourcefulsearch»[1] geprägt. Beide betonen das Ressourcenorientierte und die forschende Perspektive. Auswertungen erforschen in diesem Verständnis alles Funktionierende auf eine ressourcenverstärkende Art, um dieses für die weitere Zukunft nutzbar zu machen und dessen Wirkung zu verstärken.

Hilfreiche Auswertungsfragen Mit hilfreichen Auswertungsfragen soll die Aufmerksamkeit dorthin gelenkt werden, wo sie den größten Nutzen bringt – auf all das, was bereits vorhanden ist und verstärkt werden kann:

- Was ist heute besser als zuvor?
- Was haben wir bereits erreicht?
- Was haben wir bis jetzt gelernt?
- Auf was sind wir stolz?
- Wie haben wir die Fortschritte erzielt?
- Welches Verhalten war auf diesem Weg hilfreich?
- Wovon können wir mehr machen?
- Woran bemerken andere die Veränderungen?
- Wie haben wir es geschafft, andere dafür zu begeistern?
- Wie können wir dieses gewonnene Wissen für die Zukunft nutzen?

1 Resourcefulsearch war der Name seines damaligen Unternehmens.

- Wo stehen wir auf einer Fortschrittsskala von 1 bis 10 (= Ziel erreicht)? Was macht den Unterschied aus, dass wir bei X und nicht bei 1 stehen?
- Woran werden wir erkennen, dass wir einen Schritt weiter sind?
- Woran werden andere dies erkennen?

Auswertungsfragen vor dem Prozess Für Hirschburger beginnt die Auswertung bereits mit der Vorbereitung und nicht erst nach Abschluss der Maßnahmen. Dies ermöglicht es Ihnen, sinnvolle nächste Schritte sofort zu realisieren und auf die dynamische Wirklichkeit zu reagieren.

Die Auswertungsfragen im Rahmen der Vorbereitung decken einerseits die gewünschte Zukunft (Abschnitt 3.2) und andererseits den relevanten Kontext ab:

- Haben wir alle wichtigen Informationen, die wir benötigen, um loszulegen?
- Sind die Ziele und Erwartungen klar und für alle verständlich?
- Welche Resultate erwarten die unterschiedlichen Anspruchsgruppen?

Auswertungsfragen während des Prozesses Besondere Bedeutung haben die Auswertungsfragen, die regelmäßig und oft während des Prozesses gestellt werden sollten. Diese erforschen die positiven Unterschiede mit der Intention, diese zu verstärken, und sind gleich respektive ähnlich wie die Auswertungsfragen am Ende des Prozesses:

- Was ist bereits besser (wenn auch nur ein bisschen)?
- Wie haben wir dies geschafft?
- Wie können wir diesen Fortschritt beibehalten?
- Was geht bereits ein wenig in die gewünschte Richtung?
- Was gibt uns alles Zuversicht?
- Welche Verhaltensweisen unterstützen uns?
- Auf welche Teilerfolge können wir bereits zurückblicken?
- Was hat uns positiv überrascht?
- Wie können wir das bisher Erlernte für den weiteren Fortschritt nutzen?
- Wo wollen wir am Ende dieser Woche stehen? Was sind erste Zeichen, die uns zuversichtlich stimmen, dass wir dies erreichen?

Nur fünf Minuten Zeit? Oft sind sowohl Mitarbeitende als auch Führungskräfte sehr engagiert. Die Zeit für längere spontane Gespräche während des Tages fehlt. Deshalb müssen Gespräche kurz und wirksam sein. Obwohl bei komplexeren Themen eine vollständige Lösungsfindung meist länger dauert, können Sie in fünf Minuten bereits einiges bewirken. Vor allem wenn Sie die richtigen Fragen stellen, die bei Ihrem Gegenüber eine nützliche Reflexion auslösen.

Skalierungs-Coaching Skalen eignen sich hervorragend, um in kürzester Zeit Fortschritte sichtbar zu machen. Mit vier einfachen Skalierungs-Fragen können Sie Ihre Mitarbeitenden das nächste Mal in fünf Minuten effektiv unterstützen:

Fünf-Minuten-Skalierungs-Coaching	
1. Standort bestimmen	■ Wo stehst du momentan auf einer Skala von 1 bis 10, wenn 10 bedeutet, dass du dein Ziel erreicht hast und 1 das Gegenteil?
2. Funktionierendes erkennen	■ Was macht es aus, dass du schon bei X und nicht mehr bei 1 bist? Wie hast du dies bereits geschafft?
3. Ziel eruieren	■ Wo auf der Skala möchtest du stehen? Was wird dort anders sein?
4. Kleinen nächsten Schritt festlegen	■ Woran wirst du merken, dass du einen kleinen Schritt weitergekommen bist?

Kurt trifft seine Chefin, Marianne, beim Kopierer

Marianne (M): «Hallo, Kurt. Da brauchst du wohl noch eine Weile.»

Kurt (K): «Ja, obwohl ich keine Zeit habe. Ich muss dringend das Kundengespräch vorbereiten. Das bereitet mir Kopfzerbrechen.»

M: «Darf ich dir ein paar Fragen dazu stellen?»

K: «Ja, klar.»

M: «Super, vielen Dank. Wo stehst du denn momentan auf einer Skala von 1 bis 10, wenn 10 bedeutet, dass du dein Ziel erreicht hast?»

K: «Leider erst bei 3.»

M: «Oh, bereits bei 3! Was hast du denn alles schon gemacht, dass du schon dort und nicht mehr bei 1 stehst?»

K: «Na ja, ich habe die Präsentation vorbereitet, die Einladungen versendet, den Raum reserviert und ich kenne meine Argumente.»

M: «Wow, das ist ja bereits einiges. Und wo möchtest du auf dieser Skala heute nach dem Gespräch stehen?»

K: «Bei 7. Das heißt, dass wir eine Win-win-Situation kreieren konnten.»

M: «Und woran wirst du merken, dass du einen kleinen Schritt in diese Richtung weitergekommen bist?»

K: «Hm, bei 4 habe ich Klarheit über mögliche Win-win-Situationen und Angebote, die ich machen kann. Und ich bin gelassener.»

M.: «Super, das klingt wirklich gut. Ich wünsche dir viel Erfolg dabei!»

K: «Vielen Dank! Jetzt mach ich mir grad eine Mind-Map und stimme mich fünf Minuten vorher positiv darauf ein.»

Das PLUS-Modell ______ Hjerth (2008) stellte im Jahr 2008 an der SOLWorld Konferenz in Köln mit dem PLUS-Modell ebenfalls ein Fünf-Minuten-Coaching vor:

Das PLUS-Modell	
1. **P**latform	■ Wie sieht die Aufgabe aus? ■ Was ist der Zweck der Aufgabe?
2. **L**ook at the possible future (Sehe die mögliche Zukunft)	■ Was möchtest du gerne als Resultat sehen? ■ Was ist das Mindeste, das du erreichen möchtest?
3. **U**tilize success (Nutze den Erfolg)	■ Was hast du bei ähnlichen Situationen in der Vergangenheit bereits erfolgreich getan?
4. **S**tepping the scale (Beschreite die Skala)	■ Was (davon) kannst du hier tun? ■ Was (davon) solltest du zuerst erledigen?

Literatur und Links

Meier, D./Szabo, P. (2008). Coaching – erfrischend einfach.

Eine Erfolgsgeschichte von der Familientherapie zum Führungsstil ______ Der lösungsfokussierte Ansatz wurde ursprünglich von Insoo Kim Berg und Steve de Shazer sowie deren Team für den Bereich der Familientherapie entwickelt. Unzufrieden mit den Resultaten begannen Sie den damaligen familientherapeutischen Ansatz zu hinterfragen. Nach einer Zeit am Mental Research Institute (MRI) in Palo Alto, Kalifornien, gründeten sie 1978 das Brief Family Therapy Center (BFTC) in Milwaukee, Wisconsin, und legten damit den Grundstein für die lösungsfokussierte Kurztherapie, welche in Abgrenzung zum Kurztherapieansatz des MRI fortan eines der zentralen Therapiekonzepte im Rahmen der systemischen Therapie in der Arbeit mit Individuen, Paaren und Familien werden sollte. Durch sorgfältige Beobachtung der Therapiesitzungen begannen sie, ursprüngliche Interventionen wegzulassen (zum Beispiel das Sprechen über das Problem), zu verändern und neu zu erfinden (zum Beispiel die Wunderfrage). Nach und nach entwickelte sich ihr Modell der lösungsfokussierten Kurztherapie als Beschreibung nützlicher Verhaltensweisen der Therapeuten in einem Therapiesetting.

Insoo Kim Berg und Steve de Shazer inspirierten damit viele Personen weltweit (Vogt/Wolf/Sundman/Dreesen, 2012). Durch ihr Engagement beeinflussten sie unterschiedlichste Personen, die diesen Ansatz auch auf andere Bereiche außerhalb des Therapiesettings erfolgreich anwendeten. Es entstanden nationale und internationale Netzwerke, wie zum Beispiel das SOLWorld-Netzwerk (▷ Netzwerke kennenlernen), welches sich seit 2001 für die Anwendung und Weiterentwicklung der lösungsfokussierten Vorgehensweise in Organisationen einsetzt. Nach und nach entwickelte sich aus dem Therapie- ein Coachingansatz, der mittlerweile sehr erfolgreich im Unternehmenskontext eingesetzt wird.

Die Anwendung dieses Ansatzes in Organisationen in den letzten zehn Jahren zeigte, dass Lösungsfokussierung nicht nur aus einer Coachrolle einen wichtigen Beitrag leisten kann, sondern sich auch gut im Rahmen der Führung eignet.

Insoo Kim Berg (1934–2007) Insoo Kim Berg wurde 1934 in Südkorea geboren. Sie erlebte den Koreakrieg (1950–1953) als Jugendliche hautnah mit und war damals verantwortlich für ihre jüngeren Geschwister.

Insoo besuchte die Ewha Women's University in Seoul. Im Jahr 1957 emigrierte sie in die USA, wo sie an der University of Wisconsin in Milwaukee den Master of Social Work abschloss. Ihre Tochter Sarah wurde 1958 geboren. Im Rahmen ihrer postgradualen Ausbildung am Mental Research Institute (MRI) in Palo Alto, Kalifornien, lernte sie ihren späteren Ehegatten und Arbeitspartner Steve de Shazer kennen. Insoo war nicht nur Steves Ehepartnerin, sondern in besonderem Maß auch Impulsgeberin. Auf die Frage, woher er seine Ideen genommen habe, antwortete er jeweils: «Watching Insoo's work!» oder «All I have stolen from Insoo!».

Insoo starb am 10. Januar 2007 in Milwaukee.

Steve de Shazer (1940–2005) Steve de Shazer wurde 1940 in Milwaukee, Wisconsin, als Sohn einer Opernsängerin und eines Elektroingenieurs geboren und wuchs dort auf. Er absolvierte eine Ausbildung in klassischer Musik und verdiente sich in jungen Jahren seinen Lebensunterhalt als Saxophonist.

An der Universität in Michigan absolvierte er den Bachelor in bildender Kunst sowie den Master in Sozialarbeit. Am Mental Research Institute in Palo Alto lernte er nicht nur seine spätere Ehefrau Insoo kennen, sondern ebenfalls seinen Mentor John Weakland, mit dem ihn eine langjährige Freundschaft verband.

Steve starb am 11. September 2005 auf einer Workshop-Tour in Wien.

Literatur und Links

Vogt, M./Wolf, F./Sundman, P./Dreesen, H.N. (Hrsg.) (2012). Begegnungen mit Steve de Shazer und Insoo Kim Berg.

Verhärtungen auflösen? Konflikte absorbieren bei allen Beteiligten Energie, die nicht produktiv eingesetzt werden kann. Konflikte können notwendig und wichtig sein. Unterschiedliche Meinungen bieten viel Potenzial, sofern es gelingt, diese für neue Lösungen nutzbar zu machen. Wenn sich die unterschiedlichen Standpunkte jedoch verhärten, geht produktive Energie verloren. Mit einer lösungsfokussierten Moderation können Sie maßgeblich dazu beitragen, dass sich Verhärtungen wieder lösen.

Nützliche Haltung Folgende Grundhaltung bewährt sich im Rahmen der lösungsfokussierten Konfliktmoderation:

- *Gehen Sie Konflikte an:* Je früher Sie dies tun, desto größer ist die Wahrscheinlichkeit, dass sich die Situation gut und rasch auflösen lässt. Warten Sie, steigt das Risiko, dass sie sich verhärtet.
- *Gewinnen Sie das Vertrauen beider Parteien:* Es ist einfacher, einen Konflikt zu moderieren, wenn beide Parteien dies wollen.
- *Seien Sie multiloyal:* Zeigen Sie Verständnis für alle Seiten.
- *Unterbinden Sie gegenseitige Anschuldigungen:* Lenken Sie die Aufmerksamkeit stattdessen auf die gewünschte Zukunft.
- *Beschränken Sie die Zeit, um über Probleme zu sprechen:* Die Parteien sollen ihre Standpunkte äußern können. Beschränken Sie jedoch die Zeit. So können Sie diese für das Finden einer Lösung einsetzen.
- *Behalten Sie die Interessen des Unternehmens im Auge:* Es geht nicht darum, dass die Konfliktparteien beste Freunde werden, sondern darum, dass wieder eine gute Leistung im Interesse des Unternehmens erbracht werden kann.

Lösungsfokussierte Konfliktmoderation Laden Sie die Konfliktparteien zu einem gemeinsamen klärenden Gespräch ein, das wie folgt abläuft:

1. *Einleitung:*
   - Bedanken Sie sich für das Kommen der Parteien und betonen Sie, dass dieses Gespräch ein erster Schritt in Richtung einer Lösung ist.
   - Erwähnen Sie, dass Sie alles tun werden, um alle Parteien zu unterstützen.

- Sprechen Sie Anerkennung aus für die Tatsache, dass alle bereit sind für diesen ersten Schritt.
- Klären Sie Ihre Rolle: Betonen Sie, dass Sie den Fokus auf eine gute Lösung legen und zwischen den Parteien vermitteln wollen.
- Verständigen Sie sich auf die Grundregeln eines guten Gespräches, wie zum Beispiel gegenseitiges Zuhören und die Anerkennung der Qualitäten der anderen.

2. *Geschichten anhören:*
   - Lassen Sie sich die Situation *kurz* einzeln von den Parteien schildern. Betonen Sie, dass Sie nur die wichtigsten Punkte hören wollen. Fragen Sie, wer beginnen will. Beschränken Sie die Zeit, zum Beispiel auf eine Minute pro Schilderung.

3. *Gewünschte Zukunft einer Partei erfragen und skalieren:*
   - Fragen Sie eine der Parteien, wie ihre gewünschte Zukunft aussieht, wenn der Konflikt nicht mehr vorhanden ist. Was wird dann sein? Was wird die Partei dann anders tun?
   - Erfragen Sie, wo sie sich momentan auf einer Skala von 1 bis 10 befindet. Was macht es aus, dass sie bereits auf diesem Punkt ist? Was ist dort schon alles vorhanden?

4. *Gewünschte Zukunft der anderen Partei und Skalierung:*
   - Führen Sie Schritt 3 mit der anderen Partei durch.

5. *Kleine nächste Schritte vereinbaren:*
   - Geben Sie beiden Parteien den Auftrag, sich in Ruhe drei mögliche nächste Schritte zu überlegen, um gemeinsam einen Schritt höher auf der Skala zu kommen.
   - Lassen Sie sich die Ideen schildern.
   - Nun sucht jede Partei eine Idee der anderen Partei aus, die sie in den nächsten Tagen als Experiment umsetzt.
   - Laden Sie die Parteien ein, während der Umsetzung genau hinzuschauen, welche Zeichen sie entdecken, die ihnen zeigen, dass sie einen Schritt höher auf der Skala kommen.

6. *Vereinbaren Sie ein Folgegespräch.*

Literatur und Links

Baeijaert, L./Stellamans, A. (2013). Resilienz.
Nickel, S. (2012). Lösungsfokussierte Interventionen in der Mediation.

Negatives Feedback zur Beziehungsgestaltung nutzen? ______ Es ist nicht einfach, mit negativen Rückmeldungen umzugehen. Wir verstehen einerseits, dass uns Kritik weiterbringen kann. Auf der anderen Seite werden wir dadurch aber auch abgewertet. Und diese Abwertung kann ganz schön schmerzen.

Kritik anzunehmen, hat zwei Ebenen: eine inhaltliche und eine beziehungsgestaltende. Während wir den Inhalt früher oder später meist recht gut annehmen können, sind wir es nicht gewohnt, die Chance des negativen Feedbacks zur Beziehungsgestaltung zu nutzen.

Furman und Ahola (2010) zeigen auf, wie wir mit Kritik umgehen können und sowohl den Inhalt des Gesagten erfassen als auch die Beziehungsdimension stärken.

Kritik vollumfänglich annehmen ______ Nehmen Sie Kritik vollumfänglich an, wenn diese berechtigt ist:

1. *Zuhören:* Hören Sie mit Interesse zu. Verteidigen Sie sich nicht, auch wenn Sie dies vielleicht gerne wollten.
   «Es interessiert mich, was Sie mir sagen wollen.»
2. *Bedanken:* Danken Sie der kritisierenden Person, dass sie Sie über das Problem und ihre Empfindung informiert hat.
   «Vielen Dank, dass Sie mir das offen gesagt haben.»
3. *Akzeptieren:* Akzeptieren Sie die emotionale Reaktion.
   «Ich verstehe sehr gut, dass Sie wütend sind.»
4. *Entschuldigen:* Entschuldigen Sie sich für das Geschehene.
   «Es tut mir leid, was geschehen ist.»
5. *Hoffnung geben:* Machen Sie die Kritik zu einer Hoffnung, die erfüllt werden kann.
   «Was soll ich Ihrer Meinung nach in Zukunft tun, wenn so etwas wieder passiert?»
   «Wenn ich Sie richtig verstanden habe, sollte ich das nächste Mal (auf diese Weise) ______________ reagieren.
6. *Vereinbarung treffen:* Treffen Sie mit dem Kritisierenden eine Vereinbarung.
   «Vielen Dank für Ihre Rückmeldung. Ich werde mich in Zukunft auf diese Weise verhalten.»
   «Wir sollten uns in einer Woche wieder treffen und schauen, wie sich die Dinge inzwischen verbessert haben.»
   «Ich bin froh, wenn Sie in Zukunft bei mir beobachten, was ich gut mache und wo ich aus Ihrer Sicht Verbesserungspotenzial habe.»

Kritik wertschätzen Schätzen Sie auch die Kritik, die aus Ihrer Sicht nur teilweise berechtigt ist. Denken Sie daran, dass dies die Sichtweise der kritisierenden Person ist, welche die Situation so empfunden hat. Die Person hat den Mut, Ihnen dies zu offenbaren.

1. *Zuhören:* Verteidigen Sie sich auch hier nicht!
2. *Bedanken:* Bedanken Sie sich ebenfalls!
3. *Sichtweise anerkennen:* Erkennen Sie die Sichtweise der anderen Person an.
   «Ich verstehe, dass Sie wütend sind, und sehe Ihre Sichtweise.»
4. *Entschuldigen:* Entschuldigen Sie sich, dass Ihr Verhalten dies ausgelöst hat.
   «Es tut mir leid, dass mein Verhalten Sie wütend gemacht hat.»
5. *Gewünschtes Verhalten erfragen:* Fragen Sie, welches zukünftige Verhalten die kritisierende Person wünscht.
   «Welches Verhalten wünschen Sie in Zukunft von mir?»
6. *Hoffnung geben:* Nehmen Sie die Kritik ernst und geben Sie die Hoffnung, dass Sie daraus lernen werden.
   «Ich nehme Ihre Rückmeldung ernst und überlege mir, wie ich diese zukünftig berücksichtigen kann.»
7. *Rückmeldung anbieten:* Bieten Sie an, sich in den nächsten Tagen zu melden.
   «Ist es o.k., wenn ich mich bei Ihnen in den nächsten Tagen nochmals melde?»
   Falls ja, nehmen Sie Kontakt auf, bedanken Sie sich für das Feedback und erwähnen Sie, dass es Ihnen hilft für dic Zukunft.
8. *Allenfalls Mitarbeit bei der Lösungsfindung erbitten:* Fragen Sie, ob die Person allenfalls bereits ist, bei der Ausarbeitung einer generellen Lösung mitzuhelfen.
   «Sind Sie allenfalls bereit, bei der Ausarbeitung einer generellen Lösung mitzuhelfen? Wir möchten eine allgemeine Handhabung für dieses Thema erarbeiten.»

Literatur und Links

Furman, B./Ahola, T. (2011). Twin Star – Lösungen vom anderen Stern.

Darf ich kritisieren? Trotz einer wertschätzenden Grundhaltung, heißt Lösungsfokussierung nicht, dass Sie alles tolerieren oder gut finden müssen. Es kommt vor, dass Leistungen nicht genügend sind oder ein Verhalten von Mitarbeitenden nicht toleriert werden kann. Als Führungskraft haben Sie eine Vorbildrolle und Ihr Verhalten hat eine Signalwirkung. Schreiten Sie zum Beispiel bei ungenügenden Leistungen nicht ein, kann dies vor allem auch für die anderen Mitarbeitenden, die eine gute Leistung erbringen, unbefriedigend sein und das Engagement aller beeinträchtigen. Es stellt sich jedoch die Frage, wie Sie eingreifen.

Konstruktive Kritik In Führungskursen wird oft die Idee der konstruktiven Kritik vermittelt: ein Feedback, das helfen soll, einen Mangel im Verhalten oder der Leistung zu erkennen und im besten Fall einen Weg zur Verbesserung vorschlägt. Der Grundgedanke dahinter, dass die Rückmeldungen der Person helfen sollen, sich zu verbessern, ist eigentlich ganz gut. Allerdings kann die Wirkung durch das Einnehmen eines Lösungsfokus beträchtlich verstärkt werden, wenn für die Lösungsfindung die gewünschte Zukunft, das Funktionierende sowie die Expertise des Mitarbeitenden im Zentrum stehen und nicht das Defizit oder die Ideen der Führungskraft.

Lösungsfokussierte Kritik Lösungsfokussierte Kritik besteht aus folgenden Bestandteilen:

1. *Klare sachliche Feststellung des zu kritisierenden Punktes:* «Lieber Thomas, ich habe festgestellt, dass du pro Monat bis anhin fünf statt der vereinbarten zehn Abschlüsse getätigt hast.»
2. *Betonung des Funktionierenden:* «Ich sehe, dass du am Telefon wertschätzend bist und gut mit den anderen Mitarbeitenden zusammenarbeitest. Dies finde ich sehr gut.»
3. *Kurze Erläuterung der Betroffenheit:* «Allerdings ist die Anzahl der Abschlüsse aus meiner Sicht klar zu gering. Dies macht mich unzufrieden.»
4. *Positive Beschreibung der gewünschten Zukunft:* «Ich möchte, dass du dich innerhalb der nächsten drei Monate zu einem Leistungsträger im Team entwickelst.»
5. *Beschreibung der bemerkbaren positiven Unterschiede:* «Dies würde ich daran bemerken, dass du mindestens zehn Abschlüsse pro Monat tätigst und die Kunden dich als fairen Verhandlungspartner sehen.»

6. *Erfragen des Ziels der Mitarbeitenden:* «Was für Ziele möchtest du in den nächsten drei Monaten erreichen?»
7. *Erforschung des bereits Funktionierenden:* «Wo stehst du momentan auf einer Skala von 1 bis 10 bezüglich deinem und meinem Ziel? Was macht es aus, dass du bereits bei X und nicht bei 1 stehst? Was funktioniert bereits gut?»
8. *Festlegen von nächsten Schritten durch die Mitarbeitenden:* «Woran wirst du merken, dass du einen kleinen Schritt weiter bist? Was ist aus deiner Sicht ein sinnvoller nächster Schritt, damit du näher ans Ziel kommst?»
9. *Äußerung von Wertschätzung und Zuversicht:* «Das, was du bereits machst, ____________________, finde ich gut, und dein nächster Schritt stimmt mich zuversichtlich, dass du die Ziele erreichen wirst.»
10. *Allenfalls Anreicherung mit einer Aufgabe oder Anbieten von Unterstützung:* «Um meine Zuversicht noch mehr zu erhöhen, bitte ich dich, mir in den nächsten fünf Wochen jeweils am Freitag den aktuellen Stand deiner Abschlüsse zu senden. Bitte ergänze die Liste mit einer Spalte, in der du aufführst, was deine jeweiligen Erfolgsrezepte waren. Zudem kannst du jederzeit gerne auf mich zukommen, wenn du Unterstützung benötigst.»
11. *Vereinbarung eines nächsten Termines:* «Wann wäre für dich ein sinnvoller Zeitpunkt für ein nächstes Gespräch?»

Ermahnungen, Verwarnungen, Abmahnungen Im deutschsprachigen Raum sind unterschiedliche Begriffe für die offizielle Reaktion auf eine Verletzung der Arbeitspflicht gebräuchlich. Zusätzlich zur Äußerung und Bearbeitung der Kritik müssen hier allfällige negative Konsequenzen erwähnt und schriftlich festgehalten werden. Vergessen Sie trotz dieser gravierenden Situation aber auch hier nicht, das Funktionierende zu erforschen und für die Zukunft nutzbar zu machen.

Literatur und Links

Schmitz, L./Billen, B. (2008). Lösungsorientierte Mitarbeitergespräche.

Leistung nützlich messen? Leistungsbeurteilungen gehören zu Ihrem unverzichtbaren Führungshandwerk. Sie messen und beurteilen die Leistungen Ihrer Mitarbeitenden regelmäßig, teilweise sehr bewusst, wie zum Beispiel im Rahmen des jährlichen Mitarbeitendengespräches, und teilweise vielleicht auch unbewusst, zum Beispiel in der Hektik des Alltages.

Die Messung der Leistung wird dabei oft eher statisch dargestellt, indem sie entweder an einem Stichtag gemessen oder auf einen Wert reduziert wird («Deine Jahresleistung bewerte ich als gut, daher gebe ich dir ein C»). Dies gibt zwar einen gewissen Anhaltspunkt, Sie vergeben sich und den Mitarbeitenden dadurch aber auch ein großes Lernpotenzial. Wie die meisten Aspekte in der sich rasch verändernden Welt ist auch die Leistung keine Konstante, sondern schwankt im Zeitverlauf. Die Darstellung des Leistungsspektrums sowie der Leistungsentwicklung ermöglicht Lernchancen für beide Seiten.

Leistungsspektrum Die Leistung der Mitarbeitenden schwankt über die Zeit. In gewissen Phasen ist sie besser als in anderen. Wenn Sie und Ihre Mitarbeitenden sich dessen bewusst werden, können Sie Funktionierendes einfacher erkennen und verstärken. Das Leistungsspektrum kann auf unterschiedliche Art dargestellt werden:

- Nehmen Sie zum Beispiel eine Skala von 1 bis 10, bei der 10 eine sehr gute Leistung und 1 das Gegenteil bedeutet, und tragen Sie die über das Jahr erbrachten (Einzel-)Leistungen des einzelnen Mitarbeitenden ein. Daraus ergibt sich sein Leistungsspektrum. Zudem werden auch die einzelnen Leistungsunterschiede sehr konkret sichtbar. Beides können Sie nun anhand von lösungsfokussierten Fragen mit Ihrem Mitarbeitenden besprechen:
  - Was hast du bei den Beispielen am oberen Ende der Skala anders gemacht? Was waren dort deine Erfolgsrezepte? Was davon kannst du auch auf die Beispiele am unteren Ende übertragen und dort tun?
  - Was habe ich zu diesen Erfolgen beigetragen? Wovon kann ich mehr tun, um dich zu unterstützen?
  - Was hat auch bei den Beispielen am unteren Ende gut funktioniert? Was von dem kannst du bei diesen Beispielen beim nächsten Mal mehr tun?
  - Wie könnte ich dich das nächste Mal bei diesen Beispielen unterstützen? Woran würdest du dies merken?

- □ Wie sieht deine gewünschte optimale Verteilung für das nächste Jahr aus? Was wirst du dafür anders machen?

- Lueger (2003) schlägt vor, dass Sie die im Unternehmen bestehende Skala (zum Beispiel von sehr schlecht bis sehr gut) nehmen und für die erbrachte Gesamtleistung des Mitarbeitenden in der zu beurteilenden Zeitperiode 100 Punkte vergeben. Auch hier werden die positiven Unterschiede des Leistungsspektrums sichtbar und somit im Gespräch mit dem Mitarbeitenden nutzbar.

Beispiel Leistungsbeurteilung – Leistungsspektrum

Sehr schlecht	Schlecht	Durchschnittlich	Gut	Sehr gut
0	5	10	60	25

Leistungsentwicklung Neben dem Leistungsspektrum kann es auch spannend sein, die Leistungsentwicklung im Zeitverlauf sichtbar zu machen. Sie können dies zum Beispiel einfach mit den beiden Varianten der Darstellung des Leistungsspektrums tun und über das Jahr visualisieren, indem Sie unterschiedliche Farben für die vier Quartale verwenden. Einen noch besseren Überblick gibt Ihnen die zweidimensionale Skala (▷ Skalierungskünste erweitern). Damit lassen sich die positiven Unterschiede über die Zeit einfach darstellen und optimal nutzen. Fragen Sie vor allem nach den Höhepunkten (Was hast du bei den Highlights anders gemacht?) und den Steigungen (Wie hast du es dort geschafft, die Leistung zu steigern?).

Best Practice Mit den hier dargestellten Instrumenten können Sie auch unterschiedliche Leistungen, zum Beispiel von verschiedenen Mitarbeitenden oder auch Abteilungen, einander gegenüberstellen. Im Sinne der Best Practice lohnt es sich, gemeinsam zu erforschen, was von den guten Beispielen gelernt werden kann.

Praxisidee

Positive Unterschiede nutzen Stellen Sie sicher, dass Sie vor allem die positiven Unterschiede der guten Beispiele nutzen können, indem Sie nach all dem fragen, was dort gut funktioniert hat und von dem mehr gemacht werden kann.

Literatur und Links

Lueger, G. (2003). Solution-Focused Rating (SFR): New Ways in Performance Appraisals.

Welches sind die wesentlichen Fragen? Durch das Buch verteilt finden Sie verschiedene lösungsfokussierte Fragen, die Sie direkt einsetzen können. Für einen besseren Überblick habe ich Ihnen hier die wichtigsten Fragen aufgelistet:

Lösungsbereitschaft erhöhen (Abschnitt 3.1)

- Was muss in diesem Gespräch geschehen, damit sich dieses für dich gelohnt hat?
- Was sind deine besten Hoffnungen für dieses Gespräch?
- Mit welchem Resultat wärst du am Ende des Gespräches zufrieden?
- Woran wirst du am Ende des Gespräches erkennen, dass du einen Schritt weitergekommen bist?
- Wie wird sich dies optimalerweise auswirken?
- Was wird dann für dich anders sein?
- Was wirst du anschließend anders tun?

Gewünschte Zukunft fokussieren (Abschnitt 3.2)

Zielfragen:

- Was ist für dich das Ziel, das du erreichen möchtest?
- Was wird dann anders sein, als es heute ist?
- Woran werden andere merken, dass du das Ziel erreicht hast?
- Wem wird es bestimmt auffallen und wie wird es diese Person merken?
- Was wirst du dann anders tun?
- Wie werden andere auf dein neues Handeln reagieren?
- Was ist deine kühnste Hoffnung?
- Ab wann bist du zufrieden?

Wunderfragen:

- Stell dir vor, du gehst heute nach der Arbeit nach Hause. Nach einem schönen Abend gehst du ins Bett und schläfst genüsslich ein. Und in der Nacht, während du schläfst, passiert ein Wunder, welches bewirkt, dass all das, was dich momentan beschäftigt, einfach so gelöst ist. Aber weil du geschlafen hast, weißt du davon nichts. Woran merkst du am nächsten Morgen, dass tatsächlich ein Wunder geschehen ist? Woran noch?
- Was entdeckst du im weiteren Verlauf des Tages?
- Wie merken andere, dass ein Wunder passiert ist?
- Was tust du an diesem Tag nach dem Wunder?

- Wie werden andere auf dein neues Verhalten reagieren?
- Was passiert sonst noch an diesem Tag oder im weiteren Verlauf?

Funktionierendes erkennen/Positive Aspekte durch Wertschätzung fördern (Abschnitt 3.3 und Abschnitt 3.4)

- Was funktioniert bereits gut?
- Wo stehst du momentan auf einer Skala von 1 bis 10? Was macht es aus, dass du bereits dort und nicht bei 1 stehst?
- Falls die Person bei 1 steht: Was macht es aus, dass du bei 1 bist und nicht noch tiefer? Was funktioniert trotzdem schon?
- Welche Erfolgsgeschichten aus der Vergangenheit gingen schon ein wenig in die richtige Richtung? Was hast du dort getan?
- Wann ist es in der kürzlichen Vergangenheit schon einmal ein bisschen gelungen? Wie hast du dies geschafft?
- Welche Stärken kannst du zur Lösungsfindung einsetzen?
- Was würden andere sagen, was schon funktioniert?
- Welche Ressourcen könnest du sonst noch für die Lösungsfindung nutzen?
- Was ist bereits besser als es vorher war? Wie wurde dies möglich? Woran merkst du dies?
- Worauf kannst du stolz sein?
- Ich finde es beeindruckend, wo du momentan stehst! Das war sicher nicht einfach. Wie hast du dies geschafft?

Kleine Schritte festlegen (Abschnitt 3.5)

- Woran wirst du erkennen, dass du einen kleinen Schritt höher auf der Skala bist?
- Was sind erste kleine Zeichen, die dir zeigen, dass du auf dem richtigen Weg bist?
- Was sind erste Zeichen nach diesem Gespräch, die dir zeigen, dass du bereits daran bist, den ersten kleinen Schritt zu tun?
- Was sind positive Auswirkungen des nächsten kleinen Schrittes, die du sicher bemerken wirst?
- Woran werden andere relevante Personen feststellen, dass du einen Schritt weitergekommen bist?
- Was werden diese als Reaktion auf deinen nächsten Schritt tun?
- Wer wird es ganz sicher bemerken? Und wie genau?

Literatur und Links

Bannink, F. (2006). 1001 solution-focused questions.
Godat, D. (2014). Lösungen auf der Spur – 50 wirkungsvolle Fragen für Führungskräfte.

Durch Sprache Lösungen ermöglichen? Durch die Verwendung von Sprache erschaffen wir unsere Wirklichkeit. Wenn wir uns im Team zum Beispiel über unsere Stärken unterhalten, werden diese sichtbarer und können für die Lösungsfindung genutzt werden. Zudem entsteht auch eine wertschätzende Atmosphäre.

Lösungssprache unterscheidet sich von Problemsprache dahingehend, dass andere Worte verwendet werden. Während wir uns in der Problemsprache über Gründe, Schwierigkeiten und Defizite austauschen, sprechen wir in der Lösungssprache über Ziele, Ressourcen, Funktionierendes und weitere Aspekte, die für eine Lösung förderlich sind. Durch das Benennen werden sie zu einem Teil der Wirklichkeit und für die Lösungsfindung nutzbar. Um Lösungen zu ermöglichen, ist es deshalb zentral, dass Sie die Lösungssprache Ihrer Mitarbeitenden fördern.

Praxisidee

Lösungswörter und -fragen verwenden Sprechen Sie mit Ihren Mitarbeitenden über die gewünschte Zukunft, Ziele, Stärken, Erfolgsgeschichten, Funktionierendes und das, was Sie und Ihre Mitarbeitenden begeistert, und beobachten Sie, was passiert.

Ja-Setting Ihre Kommunikation als Führungskraft trägt maßgeblich zu einer produktiven Arbeitsatmosphäre bei. Wenn Sie mit bejahenden Botschaften kommunizieren, entsteht ein anderes Klima, als wenn Sie das Negative betonen.

Sitzungsstart mit einem Ja-Setting

«Liebe Mitarbeitende (ja), ich begrüße euch ganz herzlich (ja) zu unserer heutigen Teamsitzung (ja), in der wir in den nächsten fünfundvierzig Minuten (ja) unsere Ziele für den Bereich XY formulieren (ja) und die nächsten Schritte definieren (ja).»

Sitzungsstart mit einem Nein-Setting

«Guten Morgen (neutral), wir haben lediglich eine Sitzung (nein) und darin nicht mal eine Stunde Zeit (nein), um den Bereich XY zu optimieren, welcher bis jetzt nicht gut läuft (nein).»

«Nicht! Sondern?» Positiv formulierte Zielbeschreibungen schaffen Klarheit und entfalten eine Motivationswirkung. Deshalb möchten Sie wissen, was bei der Zielerreichung vorhanden sein wird, anstatt, was dort nicht sein soll.

Entwickeln Sie beim Wort «nicht» einen Reflex und fragen Sie nach, was stattdessen da sein soll. Denn das, was vorhanden ist und formuliert werden kann, gibt bereits Hinweise für mögliche Lösungen.

Beispiel 1 – Nicht! Sondern?

Mitarbeiterin: «Ich möchte *nicht* mit Martin in Konkurrenz stehen.»

Vorgesetzte: *«Sondern?»*

Mitarbeiterin: «Na ja, am liebsten wäre es mir, wenn wir parallel nebeneinander arbeiten könnten.»

Beispiel 2 – Nicht! Stattdessen?

Mitarbeiter: «Ich möchte *nicht* unter Zeitdruck kommen.»

Vorgesetzte: «O.k., was möchtest du denn *stattdessen?»*

Mitarbeiter: «Na ja, ich möchte meine Zeit gut einteilen und bereits jetzt gewisse Themen vorbereiten.»

«Ja, und» statt «Ja, aber» Mit Worten können wir unsere Unterstützung, aber auch unseren Widerstand ausdrücken. Gut wird dies beim Wort «aber» ersichtlich. Wenn wir «Ja, aber» sagen, meinen wir meist eigentlich «Nein, weil». Auch wenn unser Einwand berechtigt ist, erschwert er nicht nur die Zusammenarbeit, sondern auch eine gute Lösung. Das weitere Gespräch dreht sich nicht selten darum, wer jetzt recht hat. Versuchen Sie das nächste Mal anstatt mit «Ja, aber» mit «Ja, und» zu reagieren. Mit «Ja, und» sprechen Sie Ihrem Gegenüber Wertschätzung aus und können gleichzeitig Ihren Punkt anbringen. Sie werden bemerken, dass die Gesprächsatmosphäre besser wird und die relevanten Punkte, auf diese Weise formuliert, öfter einbezogen werden und zu guten Lösungen führen.

Beispiele für «Ja, und»

«**Ja,** ich stimme dir in diesen beiden Punkten zu **und** denke, dass wir beim dritten Punkt noch folgenden Aspekt berücksichtigen müssen.»
«**Ja,** das ist eine gute Überlegung, **und** ich möchte noch einen weiteren Punkt anbringen.»

MBO lösungsfokussiert? Der Ansatz des Management by Objectives (MBO), des Führens über Zielvereinbarungen, lässt sich hervorragend mit lösungsfokussierter Führung verbinden. Bei beiden wird die Frage der Zielrichtung gestellt und Mitarbeitende können ihre Expertise einbringen. Einige kleine Veränderungen machen aus einem normalen ein lösungsfokussiertes MBO.

Gewünschte Zukunft vor der Zielformulierung Ein wichtiges Element des MBO ist die Vorgabe eines Gesamtzieles durch die Geschäftsleitung. Dieses wird sukzessive über die Hierarchie heruntergebrochen. Damit die Führungskräfte und Mitarbeitenden auf den unteren Hierarchiestufe eine emotionale Bindung und ein hohes Engagement zu diesem Ziel aufbauen können, ist es sinnvoll, nicht nur das Ziel, sondern die damit verbundene gewünschte Zukunft darzustellen. Durch eine faszinierende gewünschte Zukunft lassen sich Mitarbeitende einfacher gewinnen.

Auch lösungsfokussierte Führungskräfte ab der zweiten Hierarchiestufe, welche Ziele von oben vorgegeben bekommen, können die Kraft der gewünschten Zukunft mit ihren Mitarbeitenden nutzen. Überlegen Sie sich gemeinsam mit Ihrem Team, wie innerhalb dieser Rahmenbedingungen die gemeinsam gewünschte Zukunft Ihrer Abteilung aussehen könnte. Was wird dort anders sein, als es heute ist? Woran werden andere dies merken? Aus den Überlegungen zur gewünschten Zukunft lassen sich meist einfach sinnvolle Ziele ableiten und mit den Mitarbeitenden vereinbaren. Stellen Sie zudem sicher, dass die Ziele die Anforderungen an wirksame Ziele erfüllen (Abschnitt 3.2). Ein solches Vorgehen erhöht nicht nur die Effektivität, sondern auch das Engagement der Mitarbeitenden, da eine gemeinsam gewünschte Zukunft angestrebt wird.

Kleine nächste Schritte statt große Massnahmen Laden Sie Ihre Mitarbeitenden dazu ein, im Rahmen des MBO statt ambitiöser Maßnahmen kleine nächste Schritte zu definieren, die sie mit großer Zuversicht und Motivation in den nächsten Tagen oder Wochen angehen werden. Dies erhöht die Erfolgschancen, da diese mit größerer Wahrscheinlichkeit zu einer positiven Dynamik und zu weiteren nächsten Schritten führen.

Regelmäßige wertschätzende Überprüfung der Fortschritte In vielen Unternehmen werden trotz MBO regelmäßige Gespräche zur Überprüfung der Fortschritte vernachlässigt. Dies führt dann oft dazu, dass am Ende der Beurteilungsperiode die Ziele nicht erreicht wurden. Vermeiden Sie dies, indem Sie regelmäßige (monatliche, vielleicht sogar wöchentliche) Gespräche führen und dort vor allem das erfragen, was funktioniert:

- Was ist bereits besser?
- Welche Erfolge konntest du in der Zwischenzeit feiern?
- Was hat funktioniert und was davon kannst du mehr tun?
- Woran merkst du, dass du einen Schritt weitergekommen bist?
- Woran merken dies andere?
- Welche positiven Auswirkungen hatten deine ersten Schritte?
- Was hat alles zu diesen Erfolgen beigetragen?

Helfen Sie Ihren Mitarbeitenden zusätzlich bei der Zielerreichung, indem Sie Funktionierendes mit Wertschätzung verstärken und Fragen nach nächsten sinnvollen Schritten stellen.

Dank regelmäßigen Gesprächen können Sie nicht nur die Fortschritte mitverfolgen und die Mitarbeitenden mit lösungsfokussierten Fragen unterstützen, sondern auch dann eingreifen, wenn sich die am Anfang definierten Ziele als nicht mehr nützlich erweisen.

Denken Sie daran: Die Welt ist sehr dynamisch, und innerhalb eines Jahres kann sehr viel passieren. Wenn Sie die Zielerreichung nur ein bis zwei Mal pro Jahr besprechen, verpassen Sie möglicherweise den Zeitpunkt, um nützliche Änderungen einzuleiten.

Regelmäßige Gespräche zeigen zudem die Bedeutung der Ziele auf und geben Ihnen die Möglichkeit, Ihren Mitarbeitenden Anerkennung für die geleistete Arbeit zukommen zu lassen. Dies verstärkt die Motivation, um die Ziele zu erreichen und gute Arbeit zu leisten. Außerdem helfen Sie Ihren Mitarbeitenden dadurch, sich weiterzuentwickeln und zu lernen.

Lösungsfokussierung bildhaft vermitteln? Im Alltag stellt sich immer wieder die Frage, wie Lösungsfokussierung in kurzer Zeit erklärt werden kann. Neben dem traditionellen Weg, dies in ein oder zwei Sätzen zusammenzufassen, haben verschiedene Praktikerinnen und Praktiker nützliche Metaphern entwickelt, die Kernelemente dieses Ansatzes durch ein einfaches Bild prägnant auf den Punkt bringen. Dabei ist es auch klar, dass diese Bilder nie alle relevanten Elemente umfassen können. Dafür sind sie einprägsam.

Auf eine Reise gehen Die gebräuchlichste Metapher ist diejenige einer Reise: Bevor Sie in den Urlaub fahren, setzen Sie sich zuerst damit auseinander, wo Sie hinwollen und was dort vorhanden sein soll (gewünschte Zukunft). Sie überlegen sich vielleicht auch, was Ihnen in den letzten Urlauben besonders gefallen hat und wovon Sie gerne mehr hätten (Funktionierendes). Dann buchen Sie die Reise und freuen sich auf den Abflug (erste kleine Schritte). Einmal angekommen, finden Sie heraus, was Sie im Ferienort noch alles unternehmen können und machen sich eine gute Zeit (weitere kleine Schritte). Zu Hause genießen Sie die schönen Fotos und erzählen Ihren Liebsten von Ihren Abenteuern (Erfolge feiern, Vorboten für die Zukunft).

Der Segelturn Das Bild des Segelns funktioniert ähnlich wie die geschilderte Reise. Allerdings kommt hier noch das Element des (Gegen-)Windes hinzu. Auch ungünstige Winde können Sie nutzen, um Ihr Ziel zu erreichen, sofern Sie wissen, wo Sie hinwollen (gewünschte Zukunft) und über welche Fähigkeiten Sie verfügen (Funktionierendes). Oder in den Worten von Michel de Montaigne: «Kein Wind ist demjenigen günstig, der nicht weiß, wohin er segeln will.»

Das Lösungssurfen «Solutionsurfing» wurde von Szabo (2009) entwickelt. Wie beim Surfen werden auch bei der Lösungsfokussierung die vorhandenen vorwärtsgerichteten Kräfte genutzt. Surfer halten Ausschau nach der großen Welle, der Kraft, die sie näher zum Ziel bringt. Wenn sie diese gefunden haben, nehmen sie Geschwindigkeit auf, stehen aufs Brett und lassen sich von dieser Energie vorwärtstreiben. Bei der Lösungsfokussierung funktioniert dies ähnlich: Die Kraft und Zuversicht entsteht durch das Erkennen des bereits Funktionierenden sowie durch die Attraktivität des Zielbildes. Mit den kleinen nächsten Schritten nehmen wir Geschwindigkeit auf und lassen uns durch den Erfolg und die Zuversicht auf der Skala, unserem Surfbrett, Richtung Ziel treiben.

Die Sprintformel Diese Metapher, welche von mir im Vorfeld der internationalen SOLWorld Konferenz 2012 in Oxford entwickelt wurde, vergleicht Lösungsfokussierung mit dem Start eines Sprintrennens. Die Sprintformel betont die folgenden drei wichtigen Schritte auf dem Weg zum Ziel:

- *Auf die Plätze – das Ziel fokussieren:*
  Erfolgreiche Sprinter wissen, wo sie hinwollen und fokussieren das Ziel vor dem Start.
- *Fertig – Stärken und Ressourcen erkennen:*
  Wenn Sprinter sich vor dem Start fragen, was sie alles falsch gemacht haben, werden sie verlieren. Das Erkennen der eigenen Stärke gibt ihnen Zuversicht und Energie.
- *Los – den ersten Schritt tun:*
  Sprinter schnellen so rasch als möglich mit dem ersten Schritt aus dem Startblock und bauen ihr Rennen darauf auf.

Lösung(smittel) Das Wort «Lösung» hat mehrere Bedeutungen: Einerseits wird damit ein gutes Resultat gemeint und andererseits kann darunter im chemikalischen Sinne auch eine Flüssigkeit verstanden werden. Die chemische Lösung besteht zum größten Teil aus Lösungsmittel, dem Element, das andere Stoffe lösen kann. Lösungsfokussierung sieht sich entsprechend als Lösungsmittel, welches Probleme (auf-)lösen und gute Resultate (Lösungen) erzeugen kann.

Praxisidee

Verwenden Sie Metaphern, um Ihre Führungshaltung zu erläutern. Diese prägen sich in der Regel besser ein. Zudem können Sie die kreierten Bilder in weiteren Gesprächen, Sitzungen und Workshops wieder nutzen.

Literatur und Links

Godat, D. (2012). Die Sprintformel.
Szabo, P. (2009). S.U.R.F. Fortschritte erzielen – erfrischend und nachhaltig.

Gesprächszeit effektiv nutzen? Jährliche Zielvereinbarungs- und Mitarbeitendengespräche gehören zu Ihren Standardführungsinstrumenten. Während sich die Zielvereinbarung auf die Zukunft ausrichtet, wird die Mitarbeitendenbeurteilung noch vielfach defizit- und vergangenheitsorientiert durchgeführt. Mit einer größeren Ressourcen- (▷ Leistungsbeurteilung vornehmen) und Zukunftsorientierung können Sie auch diesen Teil des Gespräches effektiver nutzen. Positive Veränderungen im Verhalten und auch in der Leistung Ihrer Mitarbeitenden werden so wahrscheinlicher.

Zukunfts- und Ressourcenorientierung Falls Sie mit Hilfe des Mitarbeitendengespräches eine bessere zukünftige Leistung Ihrer Mitarbeitenden ermöglichen und ambitionierte Ziele erreichen möchten, müssen Sie und Ihre Mitarbeitenden zuerst wissen, wo die Reise hingehen soll und wie die gemeinsame gewünschte Zukunft dort aussieht. Dies können Sie als Führungskraft entweder selber festlegen oder, noch besser, unter Einbezug der Expertise Ihrer Mitarbeitenden im Gespräch entwickeln.

Wenn Sie sich nun überlegen, welche Elemente der Vergangenheit relevant sind, um die Ziele zu erreichen, dann werden Sie feststellen, dass es vor allem diejenigen sind, die Ihnen und Ihren Mitarbeitenden Hinweise auf mögliche nächste Schritte geben. Es sind dies diejenigen Situationen, in denen Ihre Mitarbeitenden eine relevante Fähigkeit gezeigt haben, die sie mehr einsetzen könnten, in denen etwas besonders gut gelungen ist und in denen Stärken und Funktionierendes sichtbar wurden.

Die Defizite der Vergangenheit helfen in der Regel nicht, um Ziele zu erreichen. Das heißt nicht, dass sie diese nicht benennen dürfen. Es kann sehr wichtig sein, den Mitarbeitenden mitzuteilen, welches Verhalten Sie nicht wollen. Achten Sie jedoch auf das Verhältnis. Da auch in der Vergangenheit die große Mehrzahl aller Dinge gut funktioniert hat und gerade die gezeigten Stärken helfen können, um Fortschritte zu erzielen, sollten Sie das Funktionierende ins Zentrum stellen. Beziehen Sie Ihre Mitarbeitenden zudem als Expertinnen und Experten ein, indem Sie ▷ lösungsfokussierte Fragen stellen und ihnen indirekte Wertschätzung zukommen lassen (Abschnitt 3.4).

Oft werden die entsprechenden Formulare und Hilfsmittel zentral vorgegeben und können nicht verändert werden. Dennoch möchte ich Sie ermutigen, im nächsten Mitarbeitendengespräch lösungsfokussierte Fragen einzusetzen.

Praxisidee

Fragen für ein lösungsfokussiertes Mitarbeitendengespräch Streuen Sie im nächsten Mitarbeitendengespräch einige der folgenden Fragen ein und beobachten Sie deren Wirkung:

- Auf was möchten wir beide in einem Jahr mit Stolz zurückblicken?
- Was werden wir uns im Gespräch in einem Jahr mit Freude erzählen?
- Was ist unser gemeinsames Ziel?
- Woran werden unsere Kunden oder unsere Anspruchsgruppen bemerken, dass wir unser Ziel erreicht haben?
- Welche Ereignisse des letzten Jahres geben uns Zuversicht, dass wir unser Ziel erreichen können?
- Welche Erfolgsgeschichten der Vergangenheit helfen dir in deiner Zielerreichung? Was hast du dort erfolgreich gemacht, was du übertragen kannst?
- Was hast du im letzten Jahr aus deiner Sicht besonders gut gemacht? Auf was bist du besonders stolz?
- Wie hast du es geschafft, dass dies möglich wurde?
- An welchen Fähigkeiten möchtest du arbeiten?
- Woran werde ich in einem Jahr merken, dass du dein Ziel diesbezüglich erreicht hast?
- Ich finde, dass du ____________________ besonders gut gemacht hast und dass du von dem im nächsten Jahr noch mehr machen darfst.
- Dieses Verhalten von dir stimmt mich zuversichtlich: ____________________.
- Woran werden wir beide merken, ich als Vorgesetzte/r und du als Mitarbeitende/r, dass wir einen Schritt weitergekommen sind?
- Was kannst du dazu beitragen? Was kann ich dazu beitragen?

Wählen Sie zusätzlich ein Experiment aus, das Sie Ihren Mitarbeitenden nach dem Gespräch mit auf den Weg geben (Abschnitt 3.6).

Die Kunst, auf mehreren Skalen zu surfen? Skalen sind das Multifunktionstool lösungsfokussierter Arbeit (Abschnitt 3.7). Die Visualisierung erlaubt, kleine positive Unterschiede sichtbar zu machen und auch komplexe Themen auf den Punkt zu bringen. Bereits die Anwendung einer Skala kann dazu sehr hilfreich sein. Mit Multiskalierungen, der gleichzeitigen Verwendung mehrerer Skalen, können Sie einen noch größeren Nutzen stiften, indem Sie weitere relevante Aspekte für die Lösungsfindung beleuchten und auf diese Weise nutzbar machen. Wie auf einem Surfbrett nutzen Sie auch mit lösungsfokussierten Skalen die vorwärtsgerichtete Kraft, um zu Ihrem Ziel zu gelangen (Szabo, 2009).

Multiskalierung einrichten Zeichnen Sie untereinander fünf horizontale Skalen von 1 bis 10. Schon sind Sie bereit.

Beispielskalen Multiskalierung

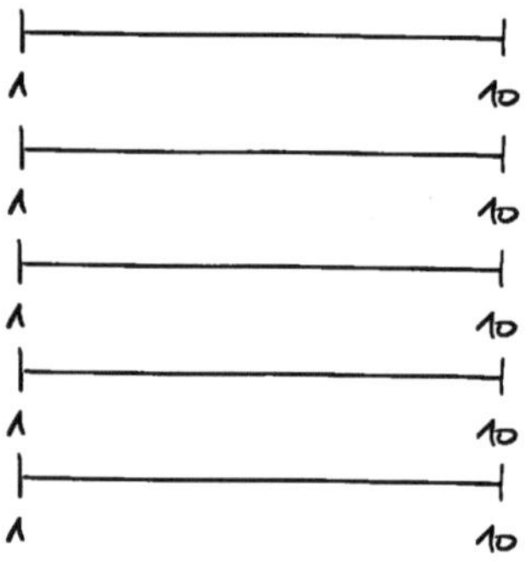

Multiskalierung mit Teilaspekten Diese Form der Skalierung eignet sich immer dann, wenn das Thema mehrere Teilaspekte umfasst:

1. *Skalen benennen:* Betiteln Sie die oberste Skala, die Hauptskala, mit dem Ziel. Benennen Sie die weiteren vier Skalen mit vier relevanten Teilaspekten.
2. *Standort bestimmen:* Wo stehen Sie auf jeder der fünf Skalen? Zeichnen Sie Ihre Werte jeweils ein.
3. *Bereits Funktionierendes erkennen:* Was macht es aus, dass Sie bereits beim jeweiligen Skalenwert stehen? Wie haben Sie dies geschafft? Gehen Sie die Skalen einzeln durch.
4. *Ziel festlegen:* Wo möchten Sie auf der Hauptskala und den vier Teilaspekten stehen? Was wird dann anders sein?

5. *Kleine Schritte anpeilen:* Bei welchem Teilaspekt möchten Sie am liebsten einen Schritt weiterkommen? Woran werden Sie bei diesem Teilaspekt erkennen, dass Sie ein kleines bisschen weiter sind?

Praxisidee

Ein Mitarbeitendengespräch mit vier Schlüsselkompetenzen
Führen Sie doch Ihr nächstes Mitarbeitendengespräch mit den vier Schlüsselkompetenzen (Unterskalen) durch, die es für das Erbringen einer sehr guten Leistung (Hauptskala) in dieser Funktion braucht.

Multiskalierung mit unterstützenden Faktoren Oft unterstützen unterschiedliche Faktoren die Zielerreichung. Jeden dieser Aspekte können Sie in eine Multiskalierung einbinden.

Beispiel einer Multiskalierung mit unterstützenden Faktoren

- *Hauptskala:* Ihr Ziel
- *Ideen für Unterskalen:* Ihre Zuversicht, die Attraktivität des Ziels für Sie, Ihre Eigenmotivation, die Stimmung im Team, die Klarheit des Auftrages, Ihr Zeitmanagement, Ihre Disziplin

Praxisidee

Skalen verknüpfen Je mehr Sie den Umgang mit Skalen geübt sind, desto besser können Sie die fünf Skalen untereinander verknüpfen: Welcher Teilaspekt trägt zum Beispiel am meisten dazu bei, dass auf der Hauptskala ein Fortschritt erzielt werden kann? Wie verändern sich die anderen Skalenwerte, wenn Sie auf einer Skala einen Schritt weiter sind?

Lösungsfokussierung aufrechterhalten Gerade zu Beginn ist die Versuchung groß, die Skalen auf eine defizitorientierte Weise zu benutzen. Um das volle Potenzial von Skalierungen zu nützen, ist es umso wichtiger, dass Sie sich an die lösungsfokussierte Vorgehensweise halten (Abschnitt 3.7):

1. *Skalen benennen*
2. *Standort bestimmen*
3. *Bereits Funktionierendes erkennen*
4. *Ziel festlegen*
5. *Kleine Schritte anpeilen*

Literatur und Links

Szabo, P. (2009). S.U.R.F. Fortschritte erzielen – erfrischend und nachhaltig.

Voneinander lernen? Lösungsfokussierte Praktikerinnen und Praktiker zeichnen sich gewöhnlich durch eine sehr hohe Bereitschaft aus, ihre Erfahrungen und ihr Wissen zu teilen, voneinander zu lernen und gemeinsam neue Einsatzmöglichkeiten zu erfinden. An Netzwerktreffen und an Konferenzen sind sowohl erfahrene als auch neue interessierte Personen herzlich willkommen.

Internationale Netzwerke

- *SOLWorld* ist *das* internationale Netzwerk lösungsfokussierter Praktikerinnen und Praktiker in Organisationen und hat mehr als 1100 Mitglieder weltweit. SOLWorld besteht seit 2001 und fördert den Austausch und Ausbau lösungsfokussierter Praxis in Organisationen. Die Mitglieder des Netzwerkes führen jährlich eine große internationale Konferenz an wechselnden Orten in Europa auf Englisch und diverse regionale Veranstaltungen in unterschiedlichen Sprachen durch.
- *SFCT* – «The Association for the Quality Development of Solution Focused Consulting and Training» – fördert die qualitative Entwicklung lösungsfokussierter Methoden in Organisationen. SFCT leistet einen wichtigen Beitrag in der internationalen lösungsfokussierten Community und führt Chapter in Deutschland und anderen Ländern. Neben dem sehr lesenswerten Journal InterAction mit vielfältigen Anwendungsideen und den neusten Entwicklungen in diesem Fachbereich bietet SFCT die Möglichkeit, Ihre eigene lösungsfokussierte Führungspraxis zu reflektieren und zertifizieren zu lassen.

Netzwerk in Deutschland Das *German Chapter* der *SFCT* vereint die deutschsprachigen Mitglieder. Neben den Zertifizierungen auf Deutsch führt es auch immer wieder Netzwerktreffen in Deutschland durch.

Netzwerk in Österreich Der *Austrian Solution Circle (ASC)* ist ein österreichisches Netzwerk für Personen, die Lösungsfokussierung in ihrem beruflichen Umfeld anwenden oder sich dafür interessieren. Das Netzwerk bietet als Treffpunkt unterschiedliche regionale Veranstaltungen in Österreich an.

Netzwerk in der Schweiz Der *Verein Netzwerk Lösungsorientiertes Arbeiten (nla)* setzt sich seit 1998 in der Schweiz dafür ein, den Ansatz zu professionalisieren und weiterzuentwickeln. Das Netzwerk umfasst rund 160 Praktikerinnen und Praktiker aus unterschiedlichen Disziplinen und vielfältigen Berufsfeldern. Neben einer jährlichen Mitgliederversammlung mit Fachinputs organisiert das nla auch immer wieder Kongresse und Fachtagungen in der Schweiz.

Virtuelle Plattform
für lösungsfokussierte Führungskräfte Die Plattform *www.solutionfocusedleadership.com* bietet lösungsfokussierten Führungskräften eine Möglichkeit des Lernens und des Austausches, verschiedene Erfolgsgeschichten, Hinweise für die Praxis und mehr an.

Literatur und Links

SOLWorld: http://www.solworld.org
SFCT: http://www.asfct.org
SFCT German Chapter: http://www.asfct.org/germany.php
Austrian Solution Circle (ASC): http://www.austriansolutioncircle.at
Verein Netzwerk Lösungsorientiertes Arbeiten (nla):
http://www.nla-schweiz.ch
SolutionFocusedLeadership: http://www.solutionfocusedleadership.com

Denken fördern? Die Arbeitstage von Führungskräften sind oft mit Terminen überfüllt. Da bleibt wenig Zeit, um sich wirklich gedanklich vertieft mit einzelnen Themen auseinanderzusetzen. Oder wann haben Sie sich das letzte Mal für ein Thema eine Stunde Zeit genommen und in aller Ruhe ohne Unterbrechung darüber nachgedacht? Wir nehmen uns die Zeit gewöhnlich nicht, obwohl wir intuitiv wissen, dass die Qualität von zukünftigen Lösungen stark von der Fähigkeit abhängt, produktiv zu denken. Im Rahmen der lösungsfokussierten Führung ist es erstens wichtig, dass Sie gut denken, und zweitens, dass Sie auch für Ihre Mitarbeitenden eine gute Denkumgebung schaffen.

«Thinking for yourself is the thing on which everything else depends.»
Nancy Kline (2009)

Denkumgebung Kline (2009) hat sich in ihrem Buch «Time to think» der Frage des produktiven Denkens angenommen und Faktoren für eine optimale Denkumgebung formuliert. Folgende Elemente passen sehr gut zum lösungsfokussierten Führungsverständnis:

1. *Aufmerksamkeit:* Hören Sie Ihren Mitarbeitenden mit Respekt, Interesse und Faszination zu.
2. *Gleichheit:* Betrachten Sie Ihre Gegenüber als gleichwertige Denkpartner und behandeln Sie jede Person gleichberechtigt. In einer Sitzung mit mehreren Teilnehmenden heißt dies zum Beispiel, dass allen Personen große Aufmerksamkeit geschenkt wird, und dass alle die gleiche Denkzeit erhalten.
3. *Anerkennung:* Halten Sie ein Verhältnis von mindestens fünf zu eins von Wertschätzung und Kritik ein.
4. *Ruhige Atmosphäre:* Gestalten Sie eine ruhige, gelassene Atmosphäre ohne Hektik. Lassen Sie der denkenden Person genügend Zeit ohne Unterbrechung, damit sie ihre Gedanken in Ruhe entwickeln und formulieren kann.
5. *Gegenseitige Ermutigung:* Ermutigen Sie Ihr Gegenüber, die eigenen Gedanken weiterzuentwickeln und eigene Lösungen zu finden. Dies können Sie nicht nur verbal, sondern während dem Denkprozess auch nonverbal durch ein Lächeln, ein Nicken oder eine andere positive Geste unterstreichen.

6. *Gefühle:* Lassen Sie Gefühle zu. Dies ist oft notwendig, um das produktive Denken wiederherzustellen.
7. *Ort:* Richten Sie den Raum so ein, dass alle eine gleichberechtigte Position einnehmen können und niemand bevorzugt wird. Verwenden Sie zum Beispiel gleich hohe Stühle oder sitzen Sie um einen runden Tisch.
8. *Diversität:* Schätzen Sie unterschiedliche Meinungen und lassen Sie unterschiedliche Sichtweisen zu. Diese erhöhen oft die Qualität der zukünftigen Lösung, auch wenn dies zu Beginn nicht immer ersichtlich ist.

Praxisidee

Eine produktive Denkumgebung schaffen Wenden Sie die Elemente der produktiven Denkumgebung in Ihrem nächsten lösungsfokussierten Gespräch oder in der nächsten Sitzung an und schauen Sie, welche Wirkung diese auf Ihre Mitarbeitenden haben.

Literatur und Links

Kline, N. (2009a). Time to think.
Kline, N. (2009b). More time to think.

Unvorhersehbares planen? Projekte sind aus unserer heutigen Unternehmensrealität nicht mehr wegzudenken und nehmen je nach Funktion und Unternehmen einen beachtlichen Teil der Führungstätigkeit in Anspruch. Klassische Projektmanagementansätze versuchen, die Aktivitäten mit Hilfe von Projektplanung und -dokumentation zu koordinieren. Ein solches Vorgehen hat durchaus auch Vorteile, da einfach ersichtlich ist, wie der aktuelle Projektstand ist, und es eine gewisse Sicherheit vermittelt. Erfahrungen zeigen jedoch immer wieder, dass Projektpläne in der heutigen Dynamik schnell veralten und es schwierig ist, diese der komplexen Realität anzupassen. Dies verursacht nicht nur einen großen Aufwand, sondern führt teilweise sogar dazu, dass Projekte in die falsche Richtung laufen. Lösungsfokussiertes Projektmanagement wählt deshalb den Weg der kleinen nächsten Schritte (vgl. Erfolgsgeschichte 1 «Ein unerwarteter Turnaround dank kleiner Schritte» auf Seite 154).

Projektdefinition Lösungsfokussiertes Projektmanagement fragt als Erstes nach der gewünschten Zukunft des Auftraggebers:

- Was wird anders sein, nachdem das Projekt erfolgreich beendet wurde?
- Woran werden wir feststellen, dass es sich gelohnt hat?
- Wer wird es bestimmt feststellen und wie?
- Was sind unsere kühnsten Hoffnungen?
- Was ist das Mindeste, was erreicht werden soll?

Daraus lassen sich die Ziele des Projekts definieren, die wesentlichen Inhalte festgelegen sowie die Kosten, das Ausmaß und die Zeit grob abschätzen und in einem formellen Projektauftrag formulieren.

Projektplanung Während klassisches Projektmanagement in dieser Phase mit Planungsinstrumenten wie Aufgabenplänen, Ablaufplänen, Terminplänen, Kapazitätsplänen oder Kommunikationsplänen arbeitet und Meilensteine definiert, funktioniert lösungsfokussiertes Projektmanagement vollumfänglich mit kleinen nächsten Schritten. Aus der Reflexion der gewünschten Zukunft sowie des bereits Funktionierenden werden kleine nächste Schritte definiert, die mit hoher Zuversicht innerhalb kurzer Zeit erreicht werden können.

Da diese kleinen nächsten Schritte meist funktionieren, erhöhen sie die Motivation und das Engagement der Projektmitarbeitenden. Die Auswirkungen der bereits erreichten Schritte sowie die allfälligen Veränderungen aufgrund der Dynamik können nun beim Festlegen der nächsten kleinen Schritte berücksichtigt werden. Der Einbezug der Expertise der Mitarbeitenden bei der Definition der nächsten Schritte erhöht deren Engagement noch zusätzlich. Eine höhere Motivation, sichtbare Erfolge, die Berücksichtigung der Auswirkungen der ersten Schritte und somit ein rasches Anpassen an ein dynamisches Umfeld sind die Folge.

Projektdurchführung und -kontrolle ___ Die Kontrolle des Projektfortschrittes findet beim lösungsfokussierten Vorgehen stetig während der Durchführung statt. Projektteams fragen sich laufend, zum Beispiel immer zu Beginn einer Projektsitzung, was bereits besser funktioniert als vorher. Dabei wird der Fokus bewusst auf die positiven Veränderungen gelegt, da diese motivierend sind und wichtige Hinweise geben, von was die Mitarbeitenden mehr machen können.

Projektabschluss ___ Abschluss des Projektes bildet die lösungsfokussierte Auswertung (▷ Auswertungen durchführen) sowie das Feiern des Erfolges. Die Auswertung identifiziert genau, was gut funktioniert hat, um diese Verhaltensweisen einerseits in Zukunft wieder abrufen zu können und andererseits einander für das Geleistete anzuerkennen. Zudem wird die Nachhaltigkeit gefördert, indem auch in nächster Zukunft regelmäßig gefragt wird, was sich verbessert hat und welche kleinen nächsten Schritte noch ein bisschen näher an die gewünschte Zukunft führen könnten.

Lösungsfokussierte Qualität? ___ Wie in vielen Bereichen stellt sich auch bei der lösungsfokussierten Führung die Frage, wie die Qualität sichergestellt werden kann. Die *SFCT (The Association for the Quality Development of* ***S****olution* ***F****ocused* ***C****onsulting and* ***T****raining),* welche lösungsfokussierte Arbeit in Organisationen zertifiziert, hat diesbezüglich hilfreiche Qualitätskriterien definiert.

Grundhaltung ___ Folgende Überzeugungen gehören zu einer Grundhaltung lösungsfokussierter Führungskräfte und sollten in der Kommunikation sichtbar werden:

- Ressourcenorientierung statt Defizitanalyse.
- Veränderung geschieht immer und überall und es ist die Aufgabe der Führungskraft, nützliche Veränderungen aufzuspüren und zu erweitern.
- Mit dem arbeiten, was die Mitarbeitenden als Expertinnen und Experten für ihr Leben erzählen, und so wenig Annahmen über die Mitarbeitenden treffen wie möglich.
- Mitarbeitende sind Experten für ihr Leben und ihre Wünsche.
- Eine respektvolle, wertschätzende und kooperative Grundhaltung.
- Veränderung findet in und durch Interaktion statt und nicht «im Inneren» von Menschen.
- Arbeit mit und an den Zielen der Mitarbeitenden aus deren Bezugsrahmen heraus, ohne die eigene Perspektive zu vernachlässigen.
- Jeder Fall ist individuell und folgt in der Entwicklung des Prozesses dem, was der Mitarbeitende sagt, anstatt ihn in einen theoretischen oder konzeptuellen Rahmen einzupassen.

Werkzeuge ___ Da die *SFCT* unterschiedliche Anwendungsmöglichkeiten zertifiziert, gibt sie bei den Werkzeugen eine Empfehlung ab, wie die Arbeit zumeist aussieht. Dabei müssen nicht alle Punkte zutreffen:

- Der Gesprächsaufbau basiert auf der Sprache, den Metaphern, Geschichten und dem Verhalten der Mitarbeitenden.
- Führungskräfte nutzen eine einfache und konkrete Sprache.
- Sie fördern verhaltensbezogene Beschreibungen.

- Sie fokussieren auf Beschreibungen mit spezifischen, kleinschrittigen, interaktionalen und positiven Begriffen (eher das Vorhandensein von Lösungen als die Abwesenheit von Problemen, eher etwas Neues beginnen, als mit etwas Altem aufhören).
- In allen Phasen des Prozesses wird nach nützlichen Veränderungen und positiven Unterschieden gesucht.
- Mitarbeitende werden dabei unterstützt, die erwünschte Zukunft so konkret wie möglich zu beschreiben. Dazu werden die Wunderfrage und andere Fragen verwendet.
- Führungskräfte identifizieren Elemente der «erwünschten Zukunft», die bereits in der Gegenwart und der Vergangenheit vorkommen, durch Skalierungsfragen, Fragen nach Ausnahmen und Ressourcenfragen sowie weiteren Methoden.
- Die Stärken der Mitarbeitenden werden identifiziert und besprochen.
- Komplimente und Experimente werden angemessen verwendet.
- Nützliche Veränderungen und/oder positive Unterschiede wie auch Anzeichen von Ressourcen, die sich zwischen den Sitzungen zeigen, werden so besprochen, dass die eigenen Handlungen des Mitarbeitenden und deren Wirksamkeit, seine Rolle und Verantwortung und seine Wahlmöglichkeit, an diesem Veränderungsprozess mitzuwirken, im Fokus stehen und gestärkt werden.
- Die Mitarbeitenden werden dabei unterstützt, kleine und zugleich konstruktive Schritte in Richtung des gewünschten Ziels zu planen und umzusetzen.
- Im Gespräch wird von Antwort zu Frage, von Situation zu Situation gearbeitet. Nach dem Motto: Ich weiß nicht, welche Frage ich gestellt habe, bis ich die Antwort des Mitarbeitenden höre.
- Die jeweils nächsten Aktionen der lösungsfokussierten Führungskraft sollten auf der letzten hilfreichen Antwort der Mitarbeitenden aufbauen.

Literatur und Links

Alle SFCT-Qualitätskriterien:
http://www.asfct.org/documents/cluesdeutsch.pdf

Den Rahmen bestimmen? Bei Führungskräften, die zum ersten Mal von lösungsfokussierter Führung hören oder lesen, entsteht oft der Eindruck, dass sie alles den Mitarbeitenden überlassen sollen. Dies ist keineswegs so. Gute Führung zeichnet sich auch durch Klarheit aus.

Die Gallup-Forschung zum Thema Employee Engagement zeigt auf, dass Mitarbeitende einen klaren verbindlichen Rahmen suchen, um eine engagierte Leistung zu erbringen. Sie wollen zum Beispiel wissen, was von ihnen erwartet wird (Abschnitt 1.4, Gallup, 2013). Deshalb ist es wichtig, dass Sie die Verantwortung für Ihre Funktion übernehmen und entscheiden, wo Sie bestimmen und vorgeben müssen und wo es sich lohnt, die Mitarbeitenden Expertinnen und Experten für den eigenen Arbeitsbereich sein zu lassen.

Ich stelle dies meist tatsächlich im Sinne eines Bilderrahmens dar. Der Rahmen, sozusagen die Rahmenbedingungen, muss durch Sie gesetzt werden. Seien Sie sich bewusst, dass dieser bestimmt, welcher Spielraum für die Mitarbeitenden und deren Expertise bleibt. Dabei darf es ruhig Bereiche geben, die Sie bestimmen und die nicht diskutierbar sind. Dies gibt den Mitarbeitenden auch Sicherheit, da sie wissen, was von ihnen erwartet wird und was verhandelbar ist und was nicht.

Da Führungsfunktionen sehr unterschiedlich sein können, kann nicht objektiv beantwortet werden, wie groß der Rahmen sein soll und welche Bereiche fix und welche verhandelbar sein sollen. Dies müssen Sie für sich und Ihre Funktion bestimmen.

Praxisidee

Sich den Rahmen bewusstmachen Werden Sie sich bewusst, was durch Sie zu bestimmen ist und was durch die Mitarbeitenden gestaltet werden kann. Je klarer Sie das für sich wissen, desto besser können Sie die Elemente der lösungsfokussierten Führung dort zielgerichtet einsetzen, wo diese die von Ihnen gewünschte Wirkung erzielen können.

Den Rahmen gemeinsam gestalten Da die Mitarbeitenden Expertinnen und Experten für ihr Leben und ihren Arbeitsbereich sind, können Sie diese, sofern Sie dies wollen, auch bei der Gestaltung eines Teils des Rahmens miteinbeziehen.

Entwickeln Sie zum Beispiel eine gemeinsame gewünschte Zukunft der Zusammenarbeit (Abschnitt 3.2):

- Wie sieht die gemeinsame Zusammenarbeit am Tag nach dem Wunder aus?
- Was werden wir dort entdecken?
- Woran werden wir selber erkennen, dass das Wunder geschehen ist?
- Was werden wir dann einzeln oder zusammen anders tun?

Dies schafft einerseits Vertrauen und macht andererseits die unterschiedlichen Bedürfnisse und Erwartungen der Mitarbeitenden an einander und an Sie sichtbar.

> «Schaffe eine gemeinsame gewünschte Zukunft, welche die Sicht der Individuen, des Teams sowie der Organisation beinhaltet und Nutzen für alle Anspruchsgruppen stiftet.»
>
> (Godat/Kocher/Scheiber, 2013, übersetzt aus dem Englischen)

Überforderte Mitarbeitende begleiten ____ Oft sind es die Mitarbeitenden (noch) nicht gewohnt, so viel Freiraum und Verantwortung übertragen zu bekommen, wie dies bei vollkommen lösungsfokussierter Führung der Fall ist. Die einen können sehr gut damit umgehen, andere fühlen sich rasch überfordert.

Führen Sie diejenigen Mitarbeitenden, die unsicher sind, langsam zur Übernahme von mehr Verantwortung für ihren Arbeitsbereich und geben Sie ihnen dort Sicherheit, wo diese sie benötigen. Versuchen Sie jedoch, zur Weiterentwicklung der Mitarbeitenden Ihre Unterstützung Schritt für Schritt zu reduzieren, auch wenn das anfangs meist für beide Seiten noch schwierig ist. Machen Sie sich immer wieder bewusst, dass das Potenzial Ihres Teams nur dann vollständig zur Geltung kommen kann, wenn alle Mitarbeitenden ihre gesamte Expertise und ihre Erfahrungen einbringen können.

Lassen Sie sich aber auch von denjenigen Mitarbeitenden überraschen, die durch Ihre neue Art der Führung positiv herausgefordert und zu Höchstleistungen angespornt werden.

Von der Risikoanalyse hin zur Lösungsbewertung? Risikomanagement ist traditionell ein Bereich, in dem die Problemanalyse immer noch Sinn zu machen scheint. So werden normalerweise bestehende Situationen auf mögliche zukünftige Schwierigkeiten und Risiken hin untersucht. Es wird versucht, Risiken frühzeitig zu erkennen, zu analysieren und zu bewerten, damit diese allenfalls überwacht und kontrolliert werden können. Die Risikoeinschätzung ist dabei dem Risikomanagement generell vorgelagert.

Finkel (2011) hinterfragt dieses bestehende Dogma und zeigt, wie Lösungsfokussierung das Risikomanagement verändern kann. Anstatt Risiken zuerst zu analysieren, schlägt er vor, durch Fragen nach der gewünschten Zukunft neue Lösungen zu finden und diese anschließend nach ihren Risiken zu bewerten.

Die ursprüngliche Hauptfrage «Wie schlimm ist das Problem?» wird bei lösungsfokussiertem Risikomanagement ersetzt durch die Frage «Wie gut sind die Lösungen, welche wir in Zukunft anwenden könnten?». Die Analyse der Risiken wird dabei nicht vernachlässigt, sondern der Schaffung von Lösungsoptionen nachgelagert. Sobald die möglichen neuen Lösungen eruiert worden sind, werden diese bezüglich ihren Risiken bewertet und es wird entschieden, welche Lösung weiterverfolgt werden soll. Die Risikoeinschätzung dient dabei weniger der Ursache-Wirkungs-Forschung, sondern mehr der Entscheidungsfindung.

> «I basically suggest that we should think our way from options to decisions – informed by the rigorous analysis of problems – rather than letting the analysis of problems run wild and lead (at best) to knowledge rather than to action.»
>
> (Finkel, 2011)

Vorteile gegenüber der bestehenden Methode Für diese neue Art des Risikomanagements führt Finkel drei Hauptvorteile ins Feld:

1. *Verkürzung des Prozesses:* Sie kann lange Analysezyklen verkürzen, da das Ziel nicht mehr darin besteht, alles über sämtliche Risiken zu wissen, sondern nur so viel, wie es braucht, um eine Entscheidung für eine Lösung zu fällen. Sobald auch noch mehr Analyse die Entscheidung nicht mehr verändert, wird ein natürlicher Stopp der Analysetätigkeit erreicht.

2. *Neue Lösungen mit geringeren Risiken:* Durch den Fokus auf zukünftige Lösungen und deren Bewertung nach den entsprechenden Risiken werden Entscheidungen gefällt, die neue Lösungen mit geringeren Risiken vorantreiben, anstatt bei bestehenden Lösungen darüber zu diskutieren, wie viel Risiko optimal wäre.
3. *Gleichzeitige Reduzierung von multiplen Risiken:* Die Auseinandersetzung mit der gewünschten Zukunft ermöglicht zudem zukünftige Lösungen, die mehrere Risiken gleichzeitig reduzieren, anstelle der Debatte über einzelne Risiken.

Risikoanalyse-Prozess Wie beim ursprünglichen Prozess steht auch beim lösungsfokussierten Risikomanagement ein möglicher oder sogar drohender Schaden am Anfang. Anstatt diesem auf den Grund zu gehen, wird nach Alternativen gesucht:

1. Welche Produkte oder Prozesse führen zu einem möglichen Schaden?
2. Welche alternativen Produkte oder Prozesse sind in unserer gewünschten Zukunft denkbar?
   - Was ist unser Ziel damit?
   - Wodurch zeichnen sich diese aus?
   - Woran erkennen wir, dass diese geeignet sind?
   - Welche Auswirkungen erhoffen wir uns davon?
   - Wie könnten diese ausgestaltet sein?
   - Über welche Ressourcen verfügen wir bereits?
3. Welche Alternativen reduzieren die Risiken gesamthaft am besten auf eine kosteneffektive Art?

> «Therefore, the risk paradigm presented here challenges decision-makers to take the first step – to envision possible interventions that might achieve an array of social goals – and then turn risk scientists and economists loose to amass information on the pros and cons of each possible intervention.»
>
> (Finkel, 2011)

Literatur und Links

Finkel, A.M. (2011). Solution-Focused Risk Assessment: A Proposal for the Fusion of Enironmental Analysis and Action.

Mit Schwierigkeiten umgehen? Es kommt nicht immer so, wie wir es gerne hätten. Manchmal sind wir erfolgreich, und an anderen Tagen läuft es nicht gut. Es gibt Phasen, in denen wenig zu funktionieren scheint. Gerade in diesen Zeiten zeigt sich der Wert einer lösungsfokussierten Denkhaltung. Sie können damit nicht nur sich selber, sondern auch Ihre Mitarbeitenden unterstützen, die Handlungsfähigkeit rascher wiederherzustellen.

Anderen wertschätzend beistehen Mitarbeitende suchen bei Ihnen als Führungskraft gerade in schwierigen Zeiten nicht nur fachliche Hilfestellung, sondern auch emotionalen Beistand und Sicherheit. Furman und Ahola (2010) zeigen, wie Sie als Führungskraft Ihren Mitarbeitenden bei Rückschlägen Wertschätzung entgegenbringen können:

1. Zeigen Sie Interesse und hören Sie zu.
   «Nimm Platz und erzähl mal.»
   «Ich bin im Moment etwas in Eile, aber heute Nachmittag nehmen wir uns Zeit dafür, um in aller Ruhe darüber zu sprechen.»
2. Akzeptieren Sie das emotionale Gewicht des Vorfalls.
   «Das würde mich auch wütend machen.»
   «Ja, ich verstehe, das wäre auch für mich schwierig.»
3. Zeigen Sie Respekt und Anerkennung dafür, wie die Person reagiert hat.
   «Ich finde es toll, dass du in dieser Situation so ruhig geblieben bist.»
   «Wie hast du es geschafft, dass du bereits wieder einen kleinen Schritt weiter bist?»
4. Zeigen Sie Verständnis dafür, dass die Person Zeit braucht, um den Rückschlag zu überwinden.
   «Es ist gut, dass wir darüber sprechen. Das ist nicht einfach für dich. Jeder bräuchte eine Zeit, um dies zu verarbeiten.»

Positive Unterschiede erforschen Neben dem emotionalen Beistand bieten Ihnen die lösungsfokussierten Werkzeuge mehrere Möglichkeiten, um wieder handlungsfähig zu werden:

- *Funktionierendes erkennen und mehr davon tun:*
  - Kein Problem besteht immer in der gleichen Intensität: «Wann war es ein bisschen besser? Was haben Sie dort gemacht?»

  - Trotz den Schwierigkeiten funktioniert mehr, als man auf den ersten Blick denkt: «Was ist besser als zuvor (auch wenn nur ein bisschen)? Was hat zumindest ein wenig funktioniert? Wie haben Sie das geschafft?»
  - Frühere Erfolgshandlungen geben Hinweise: «Wie haben Sie ähnliche Schwierigkeiten in der Vergangenheit bewältigt? Was haben Sie damals getan? Was war hilfreich dabei?»
  - Lernerfahrungen für die Zukunft nutzen: «Was lernen Sie daraus? Was davon können Sie nutzen, um einen kleinen Schritt weiterzukommen?»

- *Zeichen zukünftiger Verbesserungen kennenlernen:*
  - Zielbild formulieren: «Was ist nun das Ziel? Was wird dort vorhanden sein? Woran werden Sie erkennen, dass Sie dies erreicht haben? Was werden Sie dort anders tun?»
  - Kleine Veränderungen erkennen: «Woran werden Sie erkennen, dass Sie einen kleinen Schritt weiter sind? Was werden Sie dann tun?»
  - Perspektive wechseln: «Woran werden andere dies merken?»
  - Zuversicht stärken: «Was stimmt Sie trotzdem zuversichtlich?»
  - Experimente wagen: «Lassen Sie uns in den nächsten Tagen beobachten, was trotzdem bereits ein wenig in die gewünschte Richtung geht.»

- *Kleine nächste Schritte definieren:* «Welcher kleine Schritt gibt Ihnen Motivation für Weiteres? Was können Sie ab morgen mit hundertprozentiger Zuversicht tun?»

Praxisidee

Eigene Energie lösungsfokussiert erforschen Zeichnen Sie Ihre eigene Energie- oder Motivationskurve auf einer zweidimensionalen Skala auf und erforschen Sie die positiven Ausnahmen (▷ Skalierungskünste erweitern):

- Höhepunkte: «Was haben Sie dort anders gemacht? Was gab Ihnen Energie oder Motivation?»
- Aufstiege: «Wie haben Sie es jeweils geschafft, aus den ‹Tälern› zu kommen? Was haben Sie konkret gemacht, dass Ihre Energie gestiegen ist?»

Literatur und Links

Furman, B./Ahola, T. (2011). Twin Star – Lösungen vom anderen Stern.

Selbstmanagement als Voraussetzung? Lösungsfokussierte Führungskräfte zeichnen sich dadurch aus, dass sie mit sich selber ebenfalls wertschätzend umgehen. Je wohler Sie sich fühlen, desto besser können Sie Ihre Mitarbeitenden führen. Geht es Ihnen nicht gut oder sind Sie gar überfordert, dann ist es schwierig. Ein gutes Selbstmanagement ist entsprechend eine zentrale Voraussetzung, um längerfristig gesund zu bleiben und gut führen zu können.

Energiehaushalt Wie steht es um Ihre eigene Energie? Sind Sie voller Tatendrang oder oft ausgelaugt und müde? Ein ausgeglichener Energiehaushalt mit genügend Entspannungsphasen ist gerade für Führungskräfte wichtig. Dabei darf es ruhig Phasen geben, die intensiv sind und bei denen Sie über Ihre Energieverhältnisse leben, sofern Sie anschließend wieder die Möglichkeit haben aufzutanken:

- Wie groß ist Ihre Energie auf einer Skala von 1 bis 10, bei der 10 bedeutet, dass Sie vor Energie nur so strotzen?
- Was macht es aus, dass Sie bei X stehen und nicht bei 1?
- Was gibt Ihnen Energie? Was tut Ihnen gut?
- Wann und wie erholen Sie sich?
- Was könnten Sie heute tun, um auf der Skala einen ganz kleinen Schritt höher zu kommen?

Abschalten Wie gut können Sie abschalten? Viele engagierte Führungskräfte nehmen die Arbeit mit nach Hause und sind auch dort noch ständig online. Sie haben Mühe, abzuschalten und sich vollständig auf andere Themen und Aktivitäten zu konzentrieren. Dies kann die Gesundheit gefährden, aber auch Beziehungen schwer belasten.

- Wann gelingt es Ihnen besonders gut abzuschalten?
- Welche positiven Auswirkungen hat dies auf Ihre Freunde und Ihre Familie?
- Was tun Sie, nachdem Sie abgeschaltet haben?
- Was hilft Ihnen generell, um abzuschalten?
- Was davon könnten Sie mehr tun?

Praxisidee

Von anderen lernen Befragen Sie andere in Ihrem Umfeld, wie sie abschalten und was sie genau tun, um den eigenen Energietank aufzufüllen. Was sind deren Erfolgsrezepte, die Sie auf sich selber anwenden könnten?

Zeitmanagement Sind Sie immer unter Zeitdruck und Stress? Oder planen Sie genügend Zeit ein, um Sitzungen vorzubereiten oder Unerwartetes zu managen? Oft treffe ich Führungskräfte, welche die ganze Woche so stark verplant haben, dass sie sich nicht richtig auf die einzelnen Themen vorbereiten können und auch ohne unerwartete Ereignisse kaum nachkommen. Passiert dann noch etwas, was sie nicht eingeplant haben, sind sie verloren.

Stellen Sie sich vor, Sie gehen heute Abend schlafen und in der Nacht passiert ein Wunder, das bewirkt, dass Sie Ihre Zeit so perfekt managen können, wie Sie sich dies schon immer gewünscht haben.

- Woran werden Sie dies am nächsten Tag entdecken?
- Was werden Sie dann tun, was Sie heute noch nicht gemacht haben?
- Woran wird Ihre Umgebung, zum Beispiel Ihre Mitarbeitenden oder Ihre Vorgesetzten, dies merken?
- Wer wird es ganz bestimmt bemerken? Und wie?

Selbstcoaching Nehmen Sie sich selber genügend ernst? Führungskräfte setzen sich vielfach sehr stark für ihre Abteilung, ihr Unternehmen und ihre Mitarbeitenden ein. Dabei gehen sie selber, ihre eigenen Wünsche, Bedürfnisse und Ziele nicht selten vergessen. Für Ihr eigenes Wohlbefinden und Ihre längerfristige Gesundheit lohnt es sich, eine gute Balance zu finden. Gehen Sie auch mit sich selber lösungsfokussiert um und stellen Sie sich selber immer wieder Fragen zu Ihrer gewünschten Zukunft, zu bereits Funktionierendem, zu kleinen nächsten Schritten. Geben Sie sich selber direkte oder indirekte Wertschätzung oder befragen Sie andere, was Sie gut tun und was diese an Ihnen schätzen.

Praxisidee

Selbstcoaching mit Zufallskarten Es ist nicht einfach, sich selber lösungsfokussierte Fragen zu stellen. Schreiben Sie die Fragen (▷ Lösungsfokussierte Fragen stellen) auf Karten auf, mischen Sie sie und ziehen Sie eine zufällig. Dies ermöglicht unerwartete Erkenntnisse. Oder bestellen Sie das zum Buch gehörende Kartenset «Lösungen auf der Spur – 50 wirkungsvolle Fragen für Führungskräfte» via www.solutionfocusedleadership.com.

Das Potenzial aller nutzen? Sitzungen bieten ein großes Potenzial, das vielfach zu wenig genutzt wird. Im Alltag ist es kaum möglich, mit allen zu kommunizieren und Dinge gemeinsam zu besprechen. An Sitzungen jedoch sind die Mitarbeitenden an einem gemeinsamen Ort und zu einer verabredeten Zeit versammelt. Das gesamte Expertenwissen ist an einem Ort vorhanden. Nun stellt sich nur noch die Frage, ob und wie Sie dieses Potenzial nutzbar machen.

Ein lösungsfokussiertes Vorgehen kann Sie darin unterstützen, die Effektivität der Sitzung zu erhöhen und das versammelte Potenzial der Mitarbeitenden zu nutzen, indem Sie gemeinsam in einer produktiven Form an den für die Teilnehmenden relevanten Themen arbeiten.

Eine lösungsfokussierte Sitzung Eine lösungsfokussierte Sitzung zeichnet sich durch folgende Elemente aus:

- *Die Rollenverteilung:* Während bei «normalen» Sitzungen die Sitzungsleitung oft einen großen Redeanteil aufweist und die Sitzung mit Informationen überlädt, verteilen sich hier die Rollen gleichmäßiger:
  - *Sitzungsleitung:*
    - Moderation der Sitzung, vorwiegend durch lösungsfokussierte Fragen
    - Mitbestimmung der Traktanden
    - Aktives Einbringen des Expertenwissens
  - *Sitzungsteilnehmende:*
    - Mitbestimmung der Traktanden, damit am für die Mitarbeitenden Relevanten gearbeitet wird
    - Aktives Einbringen des Expertenwissens
- *Ein möglicher Ablauf aus der Perspektive der Sitzungsleitung:*
  - *Startfragen:*
    - «Was muss in der heutigen Sitzung geschehen, damit sich diese für alle gelohnt hat?»
      → Aufnehmen der Themen
    - «Was ist das Mindeste, das heute geschehen muss?»
      → Priorisieren der Themen
    - «Woran werden wir am Ende der Sitzung erkennen, dass dies heute eine gute Sitzung war?»

- «Was hat in früheren Sitzungen gut funktioniert? Was davon sollten wir auch heute beibehalten?»
- «Was stimmt uns zuversichtlich, dass wir unsere Sitzungsziele heute erreichen werden?»

□ *Lösungsfokussiertes Bearbeiten der Themen:*
- Fokus auf die Lösungsbereitschaft, die gewünschte Zukunft, bereits Funktionierendes, Wertschätzung, nächste kleine Schritte und Experimente (Abschnitt 3)

□ *Zwischenevaluation in der Mitte der Sitzung:*
- «Wo stehen wir im Moment auf einer Skala von 1 bis 10, wenn 10 heißt, dass wir die am Anfang definierten Ziele erreicht haben, und 1 das Gegenteil bedeutet?»
- «Wo möchten wir am Ende der Sitzung stehen?»
- «Was müssen wir bis zum Ende mindestens noch gemacht haben?»
- «Wo werden wir dann auf der Skala stehen?»
  → Priorisierung der restlichen Themen

□ *Lösungsfokussiertes Bearbeiten der weiteren Themen:*
- Fokus auf die Lösungsbereitschaft, die gewünschte Zukunft, bereits Funktionierendes, Wertschätzung, nächste kleine Schritte und Experimente (Abschnitt 3)

□ *Schlussevaluation:*
- «Wo stehen wir auf der Skala jetzt bezüglich unserer Zielerreichung?»
- «Was müssen wir vorkehren, damit die jetzt noch relevanten Themen auf eine gute Art bearbeitet werden können?»
- «Was haben wir an dieser Sitzung besonders geschätzt?»
- «Was haben wir heute erfolgreich gemacht und wie haben wir dies geschafft?»
- «Was davon wollen wir in der nächsten Sitzung wieder tun?»

Während der Sitzung können Sie zum Beispiel auch Elemente der Wertschätzungskultur (▷ Wertschätzungskultur schaffen) oder gegen Ende der Sitzung Interventionen, welche die Zuversicht stärken (▷ Zuversicht stärken), einbinden.

Kunstvolle Skalierungen? Skalierungen sind das Multifunktionstool unter den lösungsfokussierten Werkzeugen. Sie visualisieren Fortschritte und positive Unterschiede auf einfache Art. Sie ermöglichen es, komplexe Themen auf eine Zahl oder verschiedene Teilaspekte (▷ Multiskalierung meistern) herunterzubrechen und machen diese dadurch handhabbarer. Alle diese Eigenschaften sowie der hohe Praxisnutzen, der damit generiert werden kann, machen Skalierungen zu einem beliebten lösungsfokussierten Instrument.

Sie können schnell mit Skalen arbeiten. Und mit ein bisschen Kreativität und Freude entdecken Sie die ganze Vielfalt der Skalierungsmöglichkeiten und werden die Kunst der Skalierung bald meistern.

Zweidimensionale Skala Skalen können unterschiedlich dargestellt werden. Bis anhin haben Sie mit eindimensionalen Skalen gearbeitet. Eine weitere Möglichkeit ist die zweidimensionale Skala. Diese bietet die Chance, die positiven Unterschiede, zum Beispiel über den Zeitverlauf, besser zu erkennen.

Zweidimensionale Skala

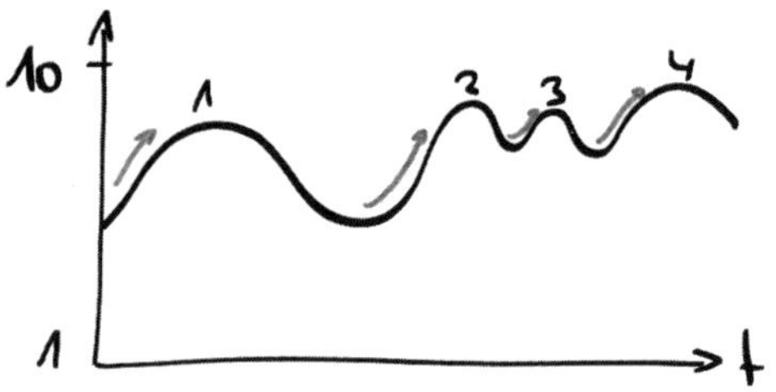

Zeichnen Sie auf der vertikalen Achse (y-Achse) die Skala Ihrer Wahl von 1 bis 10 ein, zum Beispiel die Zuversicht, die Zielerreichung oder die Motivation. Die horizontale Achse (x-Achse) stellt die Zeit dar, zum Beispiel das letzte Jahr. Lassen Sie nun die Person, die gerne einen Fortschritt erzielen möchte, den Verlauf der letzten Zeit als Kurve aufzeichnen.

Im Vergleich zur eindimensionalen Skala lassen sich hier zwei lösungsfokussierte Elemente sehr gut erforschen:

- Die Höhepunkte: Was war auf den Gipfeln (1 bis 4 in der Abbildung) anders? Was hat die Person dort getan? Was war dort hilfreich?

- Die Aufstiege: Wie hat es die Person geschafft, aus einem Tal herauszukommen? Was hat sie bei den Aufstiegen (Pfeile in der Abbildung) konkret getan? Was hat ihr dabei geholfen?

Die Gefahr bei zweidimensionalen Skalen besteht, dass Sie sich auf die Täler konzentrieren. Dies ist meist nicht hilfreich. Vermeiden Sie eine defizitorientierte Sichtweise. Fokussieren Sie auf Funktionierendes und Hilfreiches. Als Ausblick können Sie die Person auch einladen, den weiteren gewünschten Verlauf zu skizzieren und daraus nächste Schritt abzuleiten.

Praxisidee

Die eigene Ausgeglichenheit skalieren Zeichnen Sie die Verlaufskurve Ihrer Ausgeglichenheit der letzten Woche auf ein Blatt Papier. Erforschen Sie die Höhepunkte und die Steigungen. Was haben Sie dort getan? Was tat Ihnen da gut?

Skalen-Spaziergang Skalen können auch erlebt werden. Eine beliebte Variante ist der Skalen-Spaziergang. Dieser kann entweder draußen oder auch in einem Raum durchgeführt werden:

1. *Skala einrichten:* Laden Sie Ihren Gesprächspartner ein, die Umgebung um sich zu erkunden und einen Punkt auszuwählen, der für sein Ziel stehen soll. Fragen Sie ihn anschließend, welcher Punkt für das Gegenteil steht.
2. *Skala beschreiten:*
   - *Ziel erleben:* Lassen Sie ihn zuerst auf den Punkt stehen, der sein Ziel symbolisiert und fühlen, was er dabei spürt. Was ist anders an diesem Punkt? Vielleicht spürt er eine größere Energie oder mehr Freude? Was wird anders sein, wenn er tatsächlich dort ist?
   - *Funktionierendes erkennen:* Laden Sie ihn ein, an den Punkt zu gehen, der seine aktuelle Situation symbolisiert. Auf was kann er mit Stolz bereits zurückblicken? Was hat er schon erreicht?
   - *Einen kleinen Schritt tun:* Was passiert, wenn er das Ziel anvisiert? Fordern Sie ihn auf, einen kleinen Schritt auf seiner Skala in Richtung seines Ziels zu gehen. Was ist dort anders? Was könnte dieser kleine Schritt in der Realität sein?

Literatur und Links

Röhrig, P. (Hrsg.) (2008). Solution Tools.

Produktiver Spaß? Mitarbeitende wollen auch bei der Arbeit als Menschen anerkannt werden. Führungskräfte, welche ihre Mitarbeitenden nur als Mittel zum Zweck sehen, werden je länger, je mehr Mühe haben, engagierte Mitarbeitende anzuziehen und zu halten. Miteinander Spaß zu haben, ist eine sehr produktive Form der persönlichen Wertschätzung. Die Person selber und nicht primär die Leistungserstellung rückt durch Lachen, Humor, Spiele und freudvolle Aktivitäten ins Zentrum. Zudem fördert Humor das Wohlbefinden und die physische Gesundheit, verringert Stress und Erschöpfung, steigert die Kreativität, den Einfallsreichtum sowie die Problemlösefähigkeit und erhöht die Zufriedenheit am Arbeitsplatz. Freude, Spaß und Humor führen Menschen zueinander und ermutigen diese, proaktiver zu handeln (Furman/Ahola, 2010).

Miteinander Spaß zu haben, ist nicht verlorene Zeit, sondern vielmehr eine Investition in Ihr Team und dessen zukünftige Produktivität. Spaß und Erfolg gehören zusammen. Wenn Sie gerne zur Arbeit kommen und Ihnen diese Spaß macht, dann werden Sie eher Erfolg haben. Und wenn Sie Erfolg haben, dann macht es oft auch Spaß. Nur Spaß zu haben, reicht hingegen nicht, denn dann bleibt der Erfolg vielfach aus.

Spaß für alle Achten Sie gerade bei spaßigen Aktivitäten darauf, dass miteinander und nicht übereinander gelacht wird. Sonst kann Spaß unliebsame Folgen haben.

Es ist klar, dass die gleiche Aktivität nicht allen Mitarbeitenden gleich viel Spaß macht. Menschen sind unterschiedlich. Deshalb ist es wichtig, dass Sie sich Zeit nehmen, um herauszufinden, was Ihre Mitarbeitenden mögen und was weniger. Dies erhöht nicht nur die Erfolgswahrscheinlichkeit, sondern zeigt den Mitarbeitenden auch, dass Sie sich für sie interessieren.

Gehen Sie nicht nur von sich aus. Sonst ist es gut möglich, dass Sie eine Aktivität zwar gut gemeint organisieren, die Mitarbeitenden dies jedoch gar nicht schätzen. Spaß sollte für alle sein, und dazu ist es notwendig, dass Sie Ihre Mitarbeitenden gut kennen.

Etwas anderes tun Wählen Sie bewusst Zeiten aus, in denen es nicht darum geht, produktiv zu sein, sondern einander besser kennenzulernen und Spaß zu haben. Tun Sie von Zeit zu Zeit etwas anderes. Das durchbricht nicht nur die tägliche Routine, sondern setzt ein Zeichen der Wertschätzung und erhöht den sozialen Zusammenhalt.

Die Möglichkeiten sind unendlich. Lassen Sie sich von folgenden Beispielen in Anlehnung an Baeijaert und Stellamans (2011, 2013) inspirieren und entwickeln Sie, vielleicht sogar mit Ihrem Team zusammen, passende Aktivitäten:

- Laden Sie Ihre Mitarbeitenden ein, an die nächste Sitzung einen Lieblingssong mitzunehmen, und hören Sie sich diese zu Beginn der Sitzung an.
- Führen Sie eine Talentshow durch am Freitagnachmittag.
- Dekorieren Sie den Arbeitsplatz gemeinsam mit Ihrem Team.
- Veranstalten Sie ein Sommerpicknick.
- Gehen Sie mit Ihren Mitarbeitenden eine Stunde spazieren.
- Veranstalten Sie eine gemeinsame Frühlingsputzaktion.
- Feiern Sie die erreichten Meilensteine eines Projektes.
- Veranstalten Sie eine Bootsfahrt.
- Führen Sie einen Spieletag durch.
- Gehen Sie gemeinsam essen.
- Jede Person erzählt eine lustige Episode aus dem eigenen Leben, welche die anderen noch nicht kennen.
- Trinken Sie Kaffee und bringen Sie Ihre Lieblingsbücher mit.
- Feiern Sie Geburtstage.
- Entwickeln Sie gemeinsam ein Team-Motto.
- Starten Sie die nächste Sitzung mit einem Zehn Minuten Lach seminar.
- Bringen Sie allen Mitarbeitenden frische Blumen an den Arbeitsplatz.
- Zeichnen Sie gemeinsam ein Team-Bild.
- Veranstalten Sie einen Seilziehwettbewerb mit anderen Teams.

Platz für Ihre Idee(n):

. . . .

. . . .

. . . .

. . . .

. . . .

Was, wenn keine Antworten auf meine Fragen kommen? Wir sind es uns nicht gewohnt, Stille auszuhalten. Wenn Mitarbeitende Fragen nicht sofort beantworten können, erlebe ich oft, dass Führungskräfte kaum abwarten und zu schnell versuchen, die Frage umzuformulieren oder selber Antworten zu geben. Dies verhindert nicht selten, dass gute Ideen entstehen können. Denn die besten Gedanken sind nicht immer diejenigen, die wir sofort formulieren können. Denken braucht Zeit. Deshalb lohnt es sich, die Stille auszuhalten und noch ein bisschen zu warten, bis die Antwort kommt.

Praxisidee

Stille erkennen und Sekunden zählen Achten Sie im nächsten Gespräch darauf, wie schnell Sie reagieren, wenn Ihr Gegenüber nicht sofort antwortet. Versuchen Sie, die Sekunden zu zählen, bis Sie es nicht mehr aushalten und etwas sagen müssen. Beobachten Sie, wie sich Ihr Wohlbefinden während der Wartezeit in den nächsten Wochen entwickelt.

Denken erkennen Am Anfang ist es nicht einfach, Stille auszuhalten und wertschätzend abzuwarten, bis das Gegenüber eine Antwort formulieren kann. Stille bedeutet meist nicht, dass die Person keine Antwort weiß, sondern lediglich, dass sie noch ein bisschen Zeit braucht, um darüber nachzudenken. Gewisse Personen brauchen dafür länger, andere kürzer. Die Gedanken derjenigen, die sich Zeit nehmen, sind jedoch keinesfalls schlechter. Sie werden nur weniger gehört, weil wir nicht genügend lange warten. Dabei ist es sehr einfach zu erkennen, ob das Gegenüber am Denken ist oder nicht: Achten Sie einmal auf die Augen Ihrer Gesprächspartnerin. Schweifen diese umher, dann ist die Person mit großer Wahrscheinlichkeit noch am Denken. Schaut Ihnen Ihr Gegenüber direkt in die Augen, können Sie davon ausgehen, dass der Denkprozess beendet ist, da es äußerst schwierig ist, beim Denken einen fixen Augenkontakt zu halten. Laden Sie die Person jetzt ein, Ihnen über ihre Gedanken zu berichten.

Praxisidee

Das Augenexperiment Schauen Sie jemandem direkt in die Augen und versuchen Sie, über etwas wirklich nachzudenken. Lösen Sie Ihre Augen von der Person und schauen Sie in die Ferne. Was für Unterschiede entdecken Sie?

Sinnvolle Tätigkeiten während des Wartens Obwohl ich weiß, dass stille Denkprozesse sehr ergiebig sind, fällt es sogar mir immer wieder schwer, andere nicht zu unterbrechen. Nichts tun ist schwierig, deshalb haben sich verschiedene Ersatztätigkeiten in meiner Praxis als nützlich erwiesen:

- Wohlwollend lächeln und nicken.
- Zurücklehnen.
- Bewusst ein- und ausatmen.
- Sich über den Denkprozess des Gegenübers freuen.
- Kurz in Worte fassen, dass sich die Person ruhig Zeit lassen soll.
- Sich neugierig fragen, welche Antwort wohl kommt.
- Langsam auf zwanzig zählen und vorher raten, bei welcher Zahl das Gegenüber etwas sagt.

Entwickeln Sie eigene Ersatztätigkeiten. Achten Sie jedoch darauf, dass diese eine wohlwollende, ruhige und wertschätzende Atmosphäre schaffen, in der die Person produktiv denken kann (▷ Produktives Denken fördern).

Denken anregen mit «Was noch?» Stille ist meist ein Zeichen dafür, dass etwas Relevantes entdeckt wird. Wenn Sie das nächste Mal eine Frage stellen, die nicht sofort beantwortet werden kann, freuen Sie sich und warten Sie ab. Eine gute Frage, um Denkprozesse noch weiter anzuregen ist: «Was noch?»

Praxisidee

Fragen Sie: «Was noch?» Stellen Sie lösungsfokussierte Fragen und warten Sie auf die ersten Antworten. Sobald nichts mehr von Ihrem Gegenüber kommt, fragen Sie: «Was noch?» Zum Beispiel: «Was stimmt dich noch zuversichtlich? Was wird noch anders sein? Was wirst du noch anders tun?» Wiederholen Sie «Was noch?» so oft, bis wirklich keine Antwort mehr kommt.

Sie werden überrascht sein über die Qualität der Antworten. Meist entdecken Mitarbeitende die relevantesten Aspekte erst auf den zweiten Blick. Die ersten Antworten decken oft das ab, was Mitarbeitende schon wissen. «Was noch?» fördert das an die Oberfläche, was noch nicht bewusst war. Achten Sie jedoch darauf, dass Sie «Was noch?» nur bei lösungsfokussierten Fragen einsetzen. Bei defizitorientierten Fragen kann eine größere Handlungsunfähigkeit die Folge sein.

Teamentwicklung extern begleiten lassen? Die Weiterentwicklung Ihres Teams gehört zu Ihren Kernaufgaben als Führungskraft. Lösungsfokussierung eignet sich dabei hervorragend sowohl für die tägliche Führungsarbeit mit Ihren Mitarbeitenden als auch für spezifische Teamcoaching-Prozesse. Obwohl Sie Teamcoaching-Prozesse auch in Ihrer Führungsrolle gestalten können, ist es ratsam, diese bei schwierigen Situationen durch Externe begleiten zu lassen. Diese können neutraler moderieren und Sie durch eine professionelle Unterstützung entsprechend entlasten.

In der lösungsfokussierten Literatur finden sich dafür unterschiedliche Vorgehensweisen. Drei davon werden hier kurz vorgestellt.

SolutionCircle Meier (2004) hat für Team-Workshops mit dem SolutionCircle ein beliebtes Vorgehen in acht Schritten entwickelt:

1. *Rahmen klären:* Schaffen von Vertrauen und Erhöhen der Handlungsfähigkeit.
2. *Erwartungen und Ziele:* Gemeinsames Erkennen von Erfolgskriterien, an denen die Teammitglieder merken werden, dass sich ihr Engagement gelohnt hat.
3. *Brennpunkte:* Benennen der wichtigsten Problemstellungen durch die Teammitglieder.
4. *Sternstunden:* Erkunden von vorhandenen Erfolgsgeschichten und Funktionierendem.
5. *Futur Perfekt:* Beschreiben der gewünschten Zukunft.
6. *Scaling Dance:* Erkennen der relevanten Unterschiede mit Hilfe von Skalierungen.
7. *Maßnahmen:* Formulieren von konkreten Maßnahmen.
8. *Persönlicher Auftrag:* Auswählen eines persönlichen Auftrages pro Teammitglied, um den Teamprozess zu fördern.

Reteaming Der von Furman und Ahola (2010) vorgeschlagene Reteaming-Prozess beschränkt sich nicht nur auf den Teamworkshop (Schritte 1 bis 9), sondern bietet eine Begleitung bis zur Zielerreichung an (Schritte 10 bis 12):

1. *Den Traum beschreiben.*
2. *Ein Ziel identifizieren.*
3. *Die Unterstützer einbinden.*
4. *Den Nutzen der Zielerreichung beschreiben.*
5. *Den bereits gemachten Fortschritt erkennen.*

6. *Sich die weiteren Fortschritte vorstellen.*
7. *Anerkennen, dass es nicht einfach wird.*
8. *Gründe für Zuversicht identifizieren.*
9. *Sich auf kleine nächste Schritte verpflichten.*
10. *Schritte nachverfolgen.*
11. *Mit Rückschlägen umgehen.*
12. *Den Erfolg feiern und sich bei den Unterstützern bedanken.*

Dierolfs Teamcoaching ___ Dierolf (2013) betont mit der Auftragsklärung, vorgängigen lösungsfokussierten Einzelinterviews sowie einem Follow-up-Treffen weitere hilfreiche Elemente:

1. *Auftragsklärung:* Beschreiben der gewünschten Wirkung respektive der Zukunft nach der Teamcoaching-Maßnahme durch die Auftraggebenden.
2. *Einzelinterviews:*
   - *Lösungsfokussierte Telefoninterviews* mit allen Mitarbeitenden einzeln, um den Teamcoach kennenzulernen, die Zuversicht der Teilnehmenden zu erhöhen, Funktionierendes zu erkennen und die individuellen Zielvorstellungen zu beschreiben.
   - *Bericht an die Auftraggeber und alle Teilnehmenden* mit den gesammelten Resultaten der Einzelinterviews.
3. *Durchführung der lösungsfokussierten Team-Workshops.*
4. *Follow-up-Treffen mit den Auftraggebenden:* Erkennen und Verstärken der Fortschritte und Erfolgshandlungen.

Praxisidee

Lassen Sie Probleme benennen und fokussieren Sie anschließend auf die gewünschte Zukunft Dem lösungsfokussierten Ansatz wird oft vorgeworfen, dass Probleme nicht angesprochen werden dürfen. Dies ist keineswegs so. Es kann erleichternd sein, diese zu äußern. Es hat sich jedoch als hilfreich erwiesen, die «Problemzeit» zu beschränken. Erkennen Sie Probleme an, und lenken Sie anschließend die Aufmerksamkeit aller auf die gewünschte Zukunft, auf Funktionierendes, nächste Schritt und weitere lösungsfokussierte Werkzeuge.

Literatur und Links

Dierolf, K. (2013). Lösungsfokussiertes Teamcoaching.
Furman, B./Ahola, T. (2010). Es ist nie zu spät, erfolgreich zu sein.
Meier, D. (2004). Wege zur erfolgreichen Teamentwicklung.

Alle für einen im Reflecting Team? Ihre Mitarbeitenden verfügen über verschiedenste Kompetenzen und Erfahrungen. Dennoch ist es nicht einfach, diese Teamressourcen für die Lösungsfindung effektiv zu nutzen. Eine strukturierte lösungsfokussierte Vorgehensweise kann Ihnen dabei helfen.

Das Reflecting Team ist eine Methode, bei der alle Teammitglieder über ein Thema einer anderen Person reflektieren und ihre Denkfähigkeiten dieser zur Verfügung stellen, damit sie einen Schritt weiter kommen kann. Dieses Format der Reflexion kann unterschiedlich ausgestaltet werden. In meiner eigenen Führungs- und Beratungspraxis habe ich die Erfahrung gemacht, dass sich durch den Einsatz lösungsfokussierter Werkzeuge die Nützlichkeit stark erhöht.

Rollen In der Praxis haben sich folgende Rollen bewährt:

- Die *Moderation* führt die Reflexion und stellt die entsprechenden Fragen in den einzelnen Phasen. Als Führungskraft können Sie diese Rolle übernehmen, müssen aber nicht.
- Der/die *Themenhüter/in* bringt das Thema ein und «hütet» es, indem er/sie entscheidet, welche Inputs er/sie weiterverfolgen möchte.
- Das *Reflecting Team* besteht aus den weiteren Teammitgliedern, die ihre Denk- und Reflexionsleistung zur Verfügung stellen.

Setting Idealerweise eignet sich ein Stuhlkreis ohne Tisch in der Mitte, da auf diese Weise die Sitzordnung rasch verändert werden kann. Die Moderatorin sitzt neben der Themenhüterin. Die Teammitglieder nehmen auf den weiteren Stühlen Platz.

Ablauf Die Reflexion findet in vier Phasen statt.

1. *Ziel- und Auftragsklärung zwischen der Moderatorin und der Themenhüterin:* Die Moderation stellt die Fragen. Die Themenhüterin beantwortet sie. Die Teammitglieder hören zu.
   - Um was genau geht es dir?
   - Was muss in diesem Gespräch passieren, dass es sich für dich gelohnt hat?
   - Was wäre ein gutes Ergebnis bei Abschluss dieser Reflexion?
   - Was ist dein Ziel? Was wird dann anders sein?
   - Nehmen wir an, du hast dein Ziel erreicht, was wirst du dann anders machen? Woran werden andere dies merken?
   - Wo stehst du momentan auf einer Skala von 1 bis 10?

- Was hast du schon alles gemacht, dass du bereits bei X stehst?
- Welche Situationen in der Vergangenheit gingen schon ein bisschen in die richtige Richtung? Was hast du dort gemacht? Wie wurde dies möglich?
- Nehmen wir an, du bist auf der Skala einen Schritt weiter. Was wirst du dann anders tun? Woran werden andere dies merken?

2. *Brainstorming im Reflecting Team:* Die Moderation stellt die Fragen. Die Teammitglieder formieren sich zu einem Kreis und sprechen miteinander über die Fragen. Die Inputs können oft besser angenommen werden, wenn die Themenhüterin nicht direkt angesprochen wird, sondern von außerhalb des Kreises aufmerksam zuhören kann.
   - Was stimmt euch zuversichtlich, dass die Themenhüterin ihr Ziel erreichen wird?
   - Über welche Stärken verfügt sie? Was funktioniert aus eurer Sicht bereits gut?
   - Wie würdet ihr die Problemstellung angehen oder lösen?
   - Welche Erfolgsgeschichten kommen euch in den Sinn, die hilfreich sein könnten? Was waren dort eure Erfolgsrezepte?
   - Auf was sollte die Themenhüterin sonst noch achten?

3. *Auswahl und Weiterbearbeitung zwischen der Moderation und der Themenhüterin:* Die Moderation stellt die Fragen. Die Themenhüterin beantwortet sie. Die Teammitglieder hören zu.
   - Was von dem, was du gehört hast, war für dich spannend?
   - Welche neuen Inputs möchtest du weiterverfolgen?
   - Was wäre nach unserem Gespräch ein erstes kleines Zeichen, dass du auf dem Weg bist, den nächsten Schritt zu tun?
   - Wie zuversichtlich bist du, dass du einen Schritt weiterkommen wirst? Was muss geschehen, damit deine Zuversicht in den nächsten Tagen steigt?

4. *Prozessauswertung zwischen der Moderation und der Themenhüterin:* Die Moderation stellt die Fragen. Die Themenhüterin beantwortet sie. Die Teammitglieder hören zu.
   - Wie hilfreich war das Gespräch für dich auf der Skala von 1 bis 10?
   - Was könnten wir noch tun, um den Nutzen für dich zu erhöhen?

Die Moderatorin dankt allen Beteiligten für ihren Einsatz und schließt die Runde.

Verhandeln mit Lösungsfokus? ______ Ein lösungsfokussiertes Vorgehen kann verschiedenste Gesprächssituationen bereichern und eignet sich auch gut, um Verhandlungen anders zu führen. Kumara und McKergow (2010) zeigen mit ihrer MAGIC-Formel einen Weg auf, der auf ein gemeinsames Verhandlungsresultat, die Stärkung der Beziehung sowie die effektive Nutzung der Verhandlungszeit fokussiert. Als besonderes Element führen sie eine Person zur Verhandlungsmoderation ein, welche die Parteien durch den Prozess begleitet.

Die MAGIC-Schritte ______ MAGIC setzt sich aus Mapping, Aspirations, Ground, Innovations und Closure zusammen:

- *Mapping – das Territorium ausstecken:* Kumara und McKergow schlagen vor, dass sich die beiden Parteien vor der Verhandlung jeweils einzeln ein klares Bild ihres gewünschten Resultats machen, sich überlegen, wie sie dies durch diese Verhandlung erreichen könnten und unter welchen Umständen sie die Verhandlung besser abbrechen sollten.
- *Aspirations – die Ziele formulieren:* Es ist offensichtlich, dass die vorgängige Erforschung und Ausformulierung von Zielen sowie deren stetige Präsenz bei der Verhandlung wichtig sind. Dies rückt in der Hektik der Verhandlung jedoch gar nicht selten in den Hintergrund. Damit Sie sich ein gutes Bild Ihrer Ziele machen können, eignen sich Fragen zur gewünschten Zukunft sowie zu deren Auswirkungen (Abschnitt 3.2):
  - Was wird nach der Verhandlung anders sein?
  - Wo werden wir dann stehen auf einer Skala von 1 bis 10?
  - Woran werden wir dies bemerken?
  - Wer wird dies sicher bemerken? Wie genau?
  - Woran werden wir merken, dass beide Seiten profitiert haben?
  - Wie wird sich die Verhandlung auf andere auswirken?

- *Ground – die Basis legen:* Die Verhandlung beginnt mit der vorhandenen gemeinsamen Basis:
  - Welche Vereinbarung wurde bereits getroffen?
  - Was funktioniert jetzt schon gut und möchten wir beibehalten?
  - Was schätzen wir aneinander?

  Das bereits Funktionierende sowie die gegenseitige Wertschätzung erhöhen die Chancen, eine Lösung für beide Parteien zu finden. Mit Basis meinen Kumara und McKergow aber auch die Erforschung der jeweiligen Auswirkungen des Scheiterns der Verhandlung. Dies führt oft dazu, dass die gemeinsame Basis gestärkt wird, da beiden Seiten bewusst wird, was auf dem Spiel steht.
- *Innovation – gemeinsame Lösungen schaffen durch Innovation:* Um kreative neue Lösungen zu erschaffen, werden in dieser Phase sämtliche Werkzeuge der Lösungsfokussierung eingesetzt – von der Erhöhung der Lösungsbereitschaft bis zu Skalierungsfragen (Abschnitt 3) –, bis ein Verhandlungsergebnis und kleine nächste Schritte vorliegen. Da beide Parteien sich aufgrund der gemeinsam gelegten Basis bewusst sind, dass sie eine Lösung erzielen wollen, verläuft eine Verhandlung auf diese Weise oft reibungsloser und wertschätzender ab. Sollte die Stimmung dennoch kippen, kann der Fokus durch die Verhandlungsmoderation wieder auf bereits Funktionierendes und gegenseitige Wertschätzung gelegt werden.
- *Closure – den Abschluss gestalten:* Manchmal bestehen auch bei Verhandlungsende noch ungelöste Themen. Trotzdem fokussiert ein lösungsfokussierter Abschluss auf die gegenseitige Wertschätzung, die erzielten Fortschritte sowie die Anerkennung, dass beide Parteien sich für eine gemeinsame Lösung engagiert haben. Ein Handschlag besiegelt die Vereinbarung und lanciert die nächsten Schritte.

Welche Führungsstile sind ähnlich? Lösungsfokussierte Führung steht nicht alleine da. Verschiedene andere Führungsansätze fordern und fördern ebenfalls eine Fokussierung auf die vorhandenen Stärken und Ressourcen, eine wertschätzendere Grundhaltung der Führungskräfte sowie eine Stärkung der Beziehung zu und unter den Mitarbeitenden. Ich möchte Ihnen hier drei Ansätze skizzieren, die sich mit lösungsfokussierter Führung gut kombinieren lassen.

Transformationale Führung Die Transformationale Führung ist als Erweiterung aus der Transaktionalen Führung entstanden, welche Führung seit den späten siebziger Jahren als Austauschverhältnis interpretiert. Transaktionale Führungskräfte belohnen ihre Mitarbeitenden mit Anerkennung, Geld und weiteren Leistungen dafür, dass sie die erwartete Leistung oder ein entsprechendes Verhalten erbringen.

Die Transformationale Führung erweitert dieses Konzept, indem sie den Sinn und die Bedeutung der gemeinsamen Ziele verdeutlicht und versucht, Begeisterung, Zuversicht, Stolz und Wertschätzung zu erzeugen. Führungskräfte möchten Mitarbeitende mitreißen und wollen als Vorbilder wahrgenommen werden. Sie tun dies, indem sie die kreativen und innovativen Fähigkeiten der Mitarbeitenden mit anspruchsvollen Zielen herausfordern und diese ermuntern, eigenständig Lösungen zu entwickeln. Ähnlich wie bei lösungsfokussierter Führung nehmen sie eine begleitende Rolle ein, berücksichtigen die individuellen Bedürfnisse der Mitarbeitenden und entwickeln deren Stärken.

Appreciative Inquiry (AI) Dieser Ansatz, welcher in den achtziger Jahren entstanden ist, kann mit wertschätzender Erkundung übersetzt werden. Bereits mit dem Titel wird klar, dass eine solche Art der Führung eine wertschätzende und affirmative Grundhaltung in Teams und Organisationen fördert. Veränderungen werden auf Funktionierendem aufgebaut. Obwohl AI vor allem ein Organsationsentwicklungsansatz ist, lassen sich einzelne Ideen gut auf Führung übertragen.

Das zentrale Element von AI bildet ein wertschätzendes Interview, welches die Stärken, das Positive sowie das Potenzial einer Person, eines Teams oder eines Unternehmens erkundet. Im Rahmen eines AI-Prozesses werden vier Phasen durchschritten. Dabei lassen sich vor allem die ersten zwei mit lösungsfokussierter Führung vergleichen:

1. *Discovery:* Durch Interviews soll das Funktionierende erkannt und verstanden werden, ähnlich wie beim lösungsfokussierten Werkzeug «Funktionierendes erkennen» (Abschnitt 3.3).
2. *Dream:* Analog zur Erkundung der gewünschten Zukunft (Abschnitt 3.2) werden auch hier Visionen entworfen, wie es im besten Fall sein könnte.
3. *Design:* In der Designphase wird die Umsetzung geplant und Entscheidungen gefällt. Hier besteht einer der größeren Unterschiede der beiden Ansätze, da lösungsfokussierte Führung kleine nächste Schritte Planungsprozessen vorzieht.
4. *Umsetzung:* Anschließend wird die Planung in die Tat umgesetzt und die Maßnahmen werden verwirklicht.

Positive Leadership ——— Der Führungsansatz der «Positive Leadership» gleicht der lösungsfokussierten Führung sehr stark. Er basiert auf den Erkenntnissen der Positiven Psychologie, welche seit den späten neunziger Jahren zunehmend an Popularität gewinnt. Obwohl der Ursprung der beiden Ansätze unterschiedlich ist, sind wesentliche Elemente sehr ähnlich:

- Die Positive Psychologie hat es sich zur Aufgabe gemacht, das Positive im menschlichen Dasein systematisch zu stärken. Wie bei lösungsfokussierter Führung werden auch hier die negativen Dinge des Lebens nicht negiert. Durch eine bewusste Veränderung des Fokus soll jedoch ebenfalls eine andere, positive Sichtweise auf die Dinge des Lebens geschaffen werden.
- «Positive Leadership»
  - ermutigt Mitarbeitende, sich persönlich einzubringen und weiterzuentwickeln,
  - fokussiert auf das Erfassen, das Einbringen und Weiterentwickeln der entsprechenden Stärken,
  - fördert das Maß an Entscheidungsfreiheit, Identität und Spaß an Leistung und Erfolg
  - verfolgt eine gemeinsame (Unternehmens-)Vision.

Literatur und Links

Bass, B.M./Avolio, B.J. (1994). Improving Organizational Effectiveness Through Transformational Leadership.
Bonsen, M./Maleh, C. (2001). Appreciative Inquiry (AI).
Creusen, U./Eschemann, N.-R./Johann, Th. (2010). Positive Leadership.

Weitere lösungsfokussierte Modelle kennenlernen

Welche weiteren Modelle gibt es noch? Lösungsfokussierte Praktikerinnen und Praktiker sind sehr kreativ und entwickeln immer wieder neue Modelle, welche die Grundhaltungen und Vorgehensweisen dieses Ansatzes auf einfache Weise nützlich beschreiben. Da dieser Ansatz weltweit genutzt wird, werden diese meist auf Englisch formuliert.

B.R.I.E.F. Lösungsfokussiertes Coaching wird teilweise auch als Kurzzeitcoaching (engl. brief coaching) bezeichnet, da Lösungen oft schneller möglich werden. Die Brief Academy in Singapur nutzt den englischen Begriff «brief» als Abkürzung:

- **B**uild a Relationship: eine Beziehung aufbauen.
- **R**eview What's Important: das Wichtige, unter anderem das Ziel, erkennen.
- **I**nquire into Strengths: die Stärken erkennen.
- **E**xpand Small Steps: kleine Schritte ausbauen.
- **F**acilitate Progress: den Fortschritt erkennen und begleiten.

O.S.K.A.R. and S.I.M.P.L.E. Jackson und McKergow (2007) arbeiten in ihrem Standardwerk der Lösungsfokussierung mit O.S.K.A.R. und S.I.M.P.L.E. Während O.S.K.A.R. den Prozess beschreibt, macht uns S.I.M.P.L.E. auf die Annahmen aufmerksam und ermahnt uns, einfach zu bleiben.

O.S.K.A.R.:

- **O**utcome: Beschreiben der gewünschten Zukunft.
- **S**caling: Erkennen der relevanten Unterschiede durch Skalierung.
- **K**now-How/Resources: Orten von Know-how und Ressourcen.
- **A**ffirm/Action: Anerkennen und Definieren der nächsten Schritte.
- **R**eview: Überprüfen der Verbesserungen im nächsten Gespräch.

S.I.M.P.L.E.:

- **S**olutions not problems: Fokussiere Lösungen statt Probleme.
- **I**nbetween: Lösungen entstehen in Interaktion zwischen Personen.
- **M**ake use of what's there: Nutze, was bereits da ist.
- **P**ossibilities: Sehe die Möglichkeiten und Ressourcen.
- **L**anguage: Verwende die Sprache deines Gegenübers.
- **E**very case is different: Es gibt keine Patentrezepte.

C.O.M.P.A.S.S. Baeijaert und Stellamans (2011) verwenden das Bild des Kompasses als Navigationsgerät:

- **C**ontext: Erfassen des Kontextes.
- **O**bjective: Beschreiben des Ziels.
- **M**otivation: Motivation durch Erkennen der Vorteile.
- **P**rogress: Fortschritt dank Skalieren der positiven Unterschiede.
- **A**ppreciation: Anerkennen der vorhandenen Ressourcen.
- **S**mall **S**teps: Definieren der kleinen Schritte.

S.U.R.F. Das Lösungssurfen von Szabo (2009) verbindet die Kunst des Surfens mit der Skalierung:

- **S**cale your current position: Aktuelle Position skalieren.
- **U**pgrade to your preferred future: Gewünschte Zukunft sehen.
- **R**eview recent highlights and progress: Fortschritt erkennen.
- **F**oresee upcoming clues: Zeichen der Verbesserung voraussehen.

Lösungstango Cauffman und Dierolf (2007) vergleichen die lösungsfokussierte Vorgehensweise mit einem Tangotanz in sieben verführerischen Schritten:

1. *Warm werden:* Positive Arbeitsbeziehung schaffen.
2. *Kontext:* Umfeld und Umstände kennenlernen.
3. *Ziele setzen:* Ziele besprechen.
4. *Ressourcen:* Ressourcen und positive Ausnahmen erkennen.
5. *Die Kunst, Komplimente zu machen:* Anerkennung äußern.
6. *Skalieren:* Positive Unterschiede orten.
7. *Zukunftsorientierung:* Fragen auf die Zukunft ausrichten.

Praxisidee

Sorgen Sie sich nicht um die Reihenfolge Obwohl die verschiedenen Modelle die Schritte teilweise unterschiedlich benennen oder in einer anderen Reihenfolge aufführen, fällt auf, dass die Grundhaltung und die Werkzeuge sehr ähnlich sind. Sorgen Sie sich dementsprechend nicht um die Reihenfolge, sondern setzen Sie die Werkzeuge so ein, wie es für Sie stimmt.

Literatur und Links

Baeijaert, L./Stellamans, A. (2011). Resilient People Resilient Teams.
Cauffman, L./Dierolf, K. (2007). Lösungstango.
Jackson, P.Z./McKergow, M. (2007). The Solutions Focus.
Szabo, P. (2009). S.U.R.F. Fortschritte erzielen – erfrischend und nachhaltig.
www.briefacademy.com

Eine Kultur der Wertschätzung schaffen? Wertschätzung fördert nicht nur das Arbeitsklima und das Engagement der Mitarbeitenden, sondern ermöglicht auch bessere Lösungen. Mitarbeitende sind dann bereit, sich einzusetzen, wenn sie auch eine entsprechende Anerkennung erhalten (Gallup, 2013). Als Führungskraft können Sie einerseits den Mitarbeitenden direkt Komplimente machen, andererseits aber auch eine Kultur der gegenseitigen Wertschätzung etablieren, in der sich die Mitarbeitenden untereinander Anerkennung aussprechen.

> «Jedes Team ist so stark, wie es seine Ressourcen nutzen kann. Darum lohnt es [sich] vor jeder Aufgabe, diese Ressourcen herauszufinden und zu veröffentlichen, damit sie für das Team nutzbar sind.»
>
> Katalin Hankovszky (Röhrig, 2008)

Ressourcentratsch Ein guter Start, um eine Wertschätzungskultur zu initiieren, ist der Ressourcentratsch. Diesen können Sie zum Beispiel am Start oder Ende einer Sitzung durchführen:

- *Ablauf:*
  - Unterteilen Sie das Team in Kleingruppen à vier Personen.
  - Drei Personen sprechen miteinander während drei Minuten über die Fähigkeiten, Verhaltensweisen und Stärken, die sie an der vierten Person schätzen.
  - Die vierte Person hört aufmerksam zu und bedankt sich am Schluss.
  - Danach wird rotiert und eine andere Person wird «betratscht».
- *Regeln:*
  - Es wird nur Positives zusammengetragen.
  - Die «betratschte» Person wird nicht direkt angesprochen, sondern es wird indirekt über die Person geredet.

Praxisidee

Funktionierendes ins Zentrum stellen Da wir es uns nicht so gewohnt sind, positive Rückmeldungen zu geben, lohnt es sich, bei entsprechenden Interventionen bewusst darauf zu achten, dass Sie (nur) das Funktionierende ins Zentrum stellen.

Wertschätzungsbriefe Diese Übung eignet sich als schriftliches Feedbackverfahren nach spezifischen Aufgaben oder als generelle Rückmeldung:

- Alle Mitarbeitenden schreiben einander einen Wertschätzungsbrief und vervollständigen folgende Sätze:
  - Ich schätze an dir und deinem Verhalten besonders, …
  - Mir fällt bei dir positiv auf, dass du …
  - Dein wertvoller Beitrag für unser Team ist …
  - Bitte behalte Folgendes unbedingt bei: …
- Anschließend legen sie diese Briefe in den nächsten Tagen auf die entsprechenden Bürotische oder in die Postfächer.

Ressourcenbuch ——— Das Ressourcenbuch ist eine dauerhafte Variante, bei der Sie lediglich ein Buch mit leeren weißen Seiten benötigen:

- *Ablauf:*
  - Die erste Person schreibt eine wertschätzende Botschaft für ein Teammitglied auf die erste Seite und legt das Buch derjenigen Person auf den Tisch.
  - Die zweite Person bedankt sich, fügt eine weitere positive Rückmeldung für ein nächstes Teammitglied hinzu und gibt das Buch dieser Person weiter.
  - Das Buch zirkuliert von Person zu Person, bis es voll ist.
  - Kaufen Sie ein neues Buch und stellen Sie das alte aus.
- *Regel:* Alle können das Buch jederzeit einsehen.

«Hi-Five» beim Schichtwechsel

Die Produktionsmitarbeitenden des japanischen Verpackungsmaterialunternehmen Fujimori Kogyo Co. Ltd haben eingeführt, dass sie sich beim Schichtwechsel gegenseitig als Wertschätzung mit einem «Hi-Five» abklatschen (Aoki, 2005).

Praxisidee

An Ihre Situation anpassen Die Erfolgsgeschichten in Teil 3 dieses Buches und das Buch «Solution Tools» (Röhrig, 2008) geben Ihnen weitere Ideen. Passen Sie diese an Ihre Situation und Ihr Team an. Und bestimmt haben auch Ihre Mitarbeitenden tolle Ideen.

Literatur und Links

Röhrig, P. (Hrsg.) (2008). Solution Tools.

Widerstand als Form der Kooperation? Personen sprechen meist dann von Widerstand, wenn es ihnen nicht gelingt, andere für ihre Anliegen zu gewinnen. Andere werden dann als widerständig wahrgenommen. Bei einer defizitorientierten Sichtweise von Widerstand stehen zudem die Schwierigkeiten im Zentrum, die dieser verursacht. Personen versuchen bei Widerstand oft vermehrt, andere von ihrem Standpunkt zu überzeugen, oder werden sogar wütend. Diese Verhaltensweisen sind meist nicht zielführend und können den Widerstand des Gegenübers noch vergrößern.

In der lösungsfokussierten Denkweise wird Widerstand als Informationsquelle gesehen. «Das lösungsfokussierte Modell (...) definiert Widerstand als jede Interaktion, die zunächst für die Zielerreichung nicht nützlich scheint, die aber trotzdem wertvolle Informationen liefert.» (Cauffman/Dierolf, 2007) Lösungsfokussierte Führungskräfte fragen sich dementsprechend, was die nützliche Botschaft darin sein könnte, und sehen auf diese Weise Widerstand als besondere Form der Kooperation, die helfen kann, zu besseren Lösungen zu kommen.

Botschaften des Widerstandes erkennen Es ist anfangs nicht einfach, die nützlichen Informationen im Widerstand zu sehen und anzuerkennen. Wir sind uns dies nicht gewohnt und es braucht Übung, um diese Fähigkeit aufzubauen.

Folgende Zusammenstellung in Anlehnung an Cauffman und Dierolf (2007) gibt eine gute Übersicht über mögliche versteckte Hinweise unterschiedlicher Ereignisse.

Nützliche Botschaften des Widerstandes

Ereignis	Mögliche Suchrichtung der lösungsfokussierten Botschaft
Ihre Mitarbeitenden nehmen Ihre Hilfestellung oder Ihren Ratschlag nicht an.	Braucht es meine Hilfestellung? Wollen die Mitarbeitenden meine Hilfe oder wollen sie selber eine Lösung finden? Was unterstützt Mitarbeitende, einen Schritt weiterzukommen?
Mitarbeitende wollen nicht über das Problem sprechen.	Wie erzielen die einzelnen Mitarbeitenden ihre Resultate? Was hilft ihnen dabei? Was kann helfen, damit Mitarbeitende einen Schritt weiterkommen?

Nützliche Botschaften des Widerstandes (Fortsetzung)	
Ereignis	**Mögliche Suchrichtung der lösungsfokussierten Botschaft**
Unrealistische Erwartungen der Mitarbeitenden und Enttäuschung, wenn diese nicht erfüllt werden.	Was kann helfen, damit Mitarbeitende realistische Erwartungen formulieren können?
Mitarbeitende geben zu wenig oder zu viele Informationen.	Wie können Sie helfen, die Informationen zu strukturieren, sodass diese in einer guten Form kommuniziert werden und für andere nützlich sind?
Mitarbeitende arbeiten nicht zusammen, obwohl dies für das Resultat wichtig wäre.	Welche Form der Organisation trägt dazu bei, dass die Mitarbeitenden vermehrt zusammenarbeiten?
Mitarbeitende tun nur das, was ihnen gesagt wird.	Was stimuliert die Eigeninitiative der Mitarbeitenden?
Mitarbeitende überschätzen sich.	Wie können Sie Mitarbeitende unterstützen, realistische Einschätzungen vorzunehmen?
Mitarbeitende beschuldigen andere, anstatt Verantwortung für eigene Fehler zu übernehmen.	Welche Fehlerkultur leben Sie vor? Was kann helfen, damit die Mitarbeitenden Verantwortung übernehmen können?

Praxisidee

Eine nachträgliche Reflexion Oft erkennen wir die Nützlichkeit des Widerstands erst im Nachhinein. Da wir im Moment vielleicht nicht damit gerechnet haben, sind wir kurzfristig überfordert. Nehmen Sie sich das nächste Mal, nachdem Sie Widerstand erlebt haben, fünfzehn Minuten Zeit und reflektieren Sie die folgenden Fragen:

- Welche nützlichen Botschaften an mich verstecken sich darin?
- Welche hilfreichen Fragen könnte ich den Mitarbeitenden stellen, um mehr über die versteckte Botschaft zu erfahren?
- Was unterstützt meine Mitarbeitenden?

Durchgreifen Obwohl in allen Formen von Widerstand nützliche Botschaften stecken können, ist nicht alles tolerierbar. Bei Belästigungen, Mobbing, Sabotage, Diebstahl oder anderen kriminellen Handlungen müssen Sie durchgreifen. Sie haben als Führungskraft den Auftrag, im Sinne des Unternehmens zu handeln und die entsprechende Ordnung aufrechtzuerhalten.

Literatur und Links

Cauffman, L./Dierolf, K. (2007). Lösungstango.

Die Wahrscheinlichkeit erhöhen? Je größer die Zuversicht der Mitarbeitenden in die Machbarkeit der nächsten Schritte ist, desto größer ist die Wahrscheinlichkeit, dass diese auch tatsächlich umgesetzt werden. Praxiserfahrungen zeigen, dass die Umsetzung vor allem dann vorangetrieben wird, wenn die Zuversicht während und auch nach den ersten Schritten hoch bleibt. Dies ist in der Hektik des Alltages nicht selbstverständlich. Mit folgenden Interventionen können Sie als Führungskraft Ihre Mitarbeitenden unterstützen, sich an ihre Zuversicht zu erinnern.

Zuversichtsskala Lassen Sie die Zuversicht Ihrer Mitarbeitenden auf einer Skala von 1 bis 10 skalieren:

- *Standort bestimmen:* «Wo stehst du auf einer Skala von 1 bis 10, wenn 10 heißt, dass du äußerst zuversichtlich bist, dass du deine nächsten Schritte angehen wirst, und 1 das Gegenteil bedeutet?»
- *Bereits Funktionierendes erkennen:* «Was macht es alles aus, dass deine Zuversicht bereits bei X steht und nicht mehr bei 1? Was stimmt dich sonst noch alles zuversichtlich?»
- *Ziel festlegen:* «Wo auf der Skala möchtest du gerne stehen? Was wird dort anders sein? Was wirst du dort anders tun? Was fördert deine Zuversicht sonst noch?»
- *Kleine nächste Schritte anpeilen:* «Was wäre nach unserem Gespräch ein erstes kleines Zeichen, das dir zeigt, dass deine Zuversicht in den nächsten Tagen hoch bleibt? Wie kannst du dazu beitragen, dass du an all das, was dich jetzt zuversichtlich stimmt, auch in den nächsten Tagen denkst?»
- Lassen Sie Ihre Mitarbeitenden die Skala auf ein Blatt Papier zeichnen und die wichtigsten Stichworte darauf notieren, sodass sie sich in den nächsten Tagen wieder daran erinnern können.

Zuversichtsschneeballschlacht Diese spielerische Variante eignet sich am Ende von Team- oder Projektsitzungen sehr gut:

- Lassen Sie Ihre Mitarbeitenden auf farbige A4-Blätter notieren, was sie zuversichtlich stimmt, dass sie einen Schritt weiterkommen werden. Achten Sie darauf, dass jeweils auf ein Blatt nur eine Aussage geschrieben wird.
- Alle Teilnehmenden haben nun mehrere Blätter mit je einer Aussage vor sich, die sie einzeln zerknüllen.
- Auf «Los» veranstalten alle eine «Schneeballschlacht», bei der während einer Minute alle Blätter in der Luft bleiben sollen.

- Zum Schluss sammeln alle die «Schneebälle» ein, lesen die Aussagen darauf allen laut vor und nehmen die mit an ihren Arbeitsplatz, an die sie sich in den nächsten Tagen erinnern wollen.

Positive Paranoia Diese Intervention von Furman und Ahola (Jackson/McKergow, 2007) ermöglicht eine positive Aufbruchsstimmung, indem sie Funktionierendes sichtbar macht:

- Jedes Teammitglied sucht sich etwas aus, das er oder sie für das Team machen wird, aber ohne es den anderen zu verraten.
- Das Team bekommt die Aufgabe, genau zu beobachten, was in den nächsten Tagen alles funktioniert und bereits ein wenig in die gewünschte Richtung geht.
- Immer wenn Mitarbeitende bei anderen sehen, dass diese etwas gut gemacht, eine Aufgabe erfolgreich erledigt oder sich auf eine gewünschte Weise verhalten haben, legen sie heimlich ein Zeichen auf den jeweiligen Bürotisch. Zeichen können Post-its, eine Blume oder sonst etwas Auffälliges sein.
- Es kann darauf notiert werden, was gut war, muss aber nicht. Gerade die Frage «Oh, was habe ich wohl gut gemacht?» lässt Mitarbeitende selber weitere funktionierende Dinge entdecken.

100% Zuversicht Geben Sie Ihren Mitarbeitenden am Ende der nächsten Teamsitzung den Auftrag, sich individuell einen kleinen nächsten Schritt zu überlegen und aufzuschreiben, den sie umsetzen wollen und der das Team ein wenig in die gewünschte Richtung führt. Der Schritt soll so klein und motivierend sein, dass die einzelnen Mitarbeitenden diesen mit hundertprozentiger Zuversicht ab morgen ausführen werden. Sie dürfen den anderen jedoch nicht sagen, was sie geplant haben. Ab dem nächsten Tag versuchen alle Mitarbeitenden, bei den anderen auf folgende wertschätzende Weise zu erraten, was diese wohl tun:

- Ich finde es toll, dass du ________________ machst. War es das, was du dir vorgenommen hast?
- Beide tauschen miteinander aus, was sie für das Team machen.
- An der nächsten Teamsitzung werden alle Erkenntnisse gesammelt und ausgetauscht.

Literatur und Links

Dierolf, K. (2013). Lösungsfokussiertes Teamcoaching.
Röhrig, P. (Hrsg.) (2008). Solution Tools.

Lösungsfokussierte Führung: Erfolgsgeschichten

Erfolgsgeschichte 1: Ein unerwarteter Turnaround dank kleiner Schritte

Geschrieben von Niklas Tiger, aus dem Englischen übersetzt von Dominik Godat

Unternehmen: Hi5, IT-Unternehmen in Nordschweden

Website: http://www.hi5.se

Größe: 30 Mitarbeitende

Führungskraft: Niklas Tiger

Funktion: CEO Hi5

Lösungsfokussierte Werkzeuge:

- **das Fokussieren der nächsten kleinen Schritte (Abschnitt 3.5)**
- das Beschreiben der gewünschten Zukunft (Abschnitt 3.2)
- die Verwendung von Skalierungen (Abschnitt 3.7)
- das Erkennen des bereits Funktionierenden (Abschnitt 3.3)

Die Ausgangslage

Im Frühling 2012 sah sich Hi5, ein IT-Unternehmen in Nordschweden, welches ich leite, einem großen Problem gegenüber, das über die Jahre gewachsen war. Wir versuchten es in der Vergangenheit mehrmals zu lösen, sind jedoch immer wieder daran gescheitert. Es ging um ein komplexes IT-Thema, das größere Umstrukturierungen des Rechenzentrums zur Folge haben würde. Die Veränderungen würden sämtliche Prozesse, unterschiedlichste Technologien und beinahe alle Mitarbeitenden betreffen.

Wir waren an einem Punkt angelangt, an dem wir mehr oder weniger das Gefühl hatten, dass wir die Kontrolle verloren hatten. Das Problem schien so groß, dass wir dachten, wir würden daran scheitern. Inspiriert durch kürzlich in einem Kurs erlernte lösungsfokussierte Fähigkeiten, entschieden wir uns, diese bei unserer größten Herausforderung auszuprobieren.

Ein lösungsfokussierter Start

Der erste kleine Schritt, den ich mir vorstellen konnte, war ein lösungsfokussiertes Gespräch mit der Person, die für das Gesamtthema zuständig war. Der kleine Schritt, den sie sich nach unserem Gespräch vornahm, war eine Sitzung mit allen Personen, die einen Beitrag dazu leisten konnten, um das Gesamtprojekt in kleinere Portionen zu unterteilen und jeder involvierten Person die Aufgabe zu geben, den kleinstmöglichen nächsten Schritt für die einzelnen Bereiche zu identifizieren.

Wir entschieden uns zudem, die traditionellen lösungsfokussierten Werkzeuge in Projektsitzungen und gegenseitigen Coachinggesprächen einzusetzen, wie zum Beispiel das Beschreiben der gewünschten Zukunft mit allen Mitarbeitenden, das Verwenden von Skalierungen, das Erkennen des bereits Funktionierenden sowie das Fokussieren der nächsten kleinen Schritte.

Die ersten euphorischen Resultate und aufkommende Zweifel

Die ersten Resultate waren überwältigend. Innerhalb der ersten Woche entwickelte sich aus einer Hoffnungslosigkeit ein Gefühl des Aufbruchs. Da wir diesen Punkt auch schon zuvor erreicht hatten, dann aber immer wieder gescheitert waren, stellte sich die große Frage, ob es diesmal anders sein würde.

Erschwerend kam dazu, dass große Veränderungen vorgenommen und gleichzeitig das Tagesgeschäft am Laufen gehalten werden musste. Das Team ging davon aus, dass das Gesamtprojekt mindestens ein Jahr dauern würde, da zu diesem Zeitpunkt immer noch unklar war, was alles getan werden musste. Die Aktivitäten würden mindestens die Neugestaltung der Prozesse, die Anpassung der Organisation inklusive der Rollen und Verantwortungen, das Redesign und die Implementierung des IT-Support-Systems sowie das Training der Mitarbeitenden umfassen.

Dranbleiben mit kleinen Schritten, die Motivation und Zuversicht geben

Wir lagen zum Glück total falsch! Nur zweieinhalb Monate später waren wir fertig: Alle Veränderungen waren umgesetzt, alle Mitarbeitenden waren darauf geschult, die Organisation war umstrukturiert und die neuen IT-Systeme waren eingeführt.

Anfangs waren wir noch überzeugt, dass die kleinen Schritte nur einen Start darstellen könnten und wir anschließend wieder zum «normalen» Projektmanagement übergehen müssten. Da die kleinen Schritte funktionierten und Motivation und Zuversicht gaben, blieben wir auf diesem Weg. Die Dynamik der kleinen Schritte in Richtung der gewünschten Zukunft war wie eine Lawine. Einmal ins Rollen gekommen, war sie nicht mehr zu stoppen.

Jedes Mal, wenn wir unsicher wurden oder uns verloren fühlten, sammelten wir wieder all das, was schon funktionierte, und machten uns bewusst, was bereits umgesetzt worden war. Mit der daraus gewonnenen Zuversicht definierten wir erneut die kleinstmöglichen Schritte in Richtung Ziel. Sobald wir wieder wussten, was zu tun war, konnten wir in der Regel kaum warten, dies umzusetzen. Die kleinen Schritte waren äußerst inspirierend und haben Spaß gemacht.

Und plötzlich merkten wir, dass wir keine anstehenden Aufgaben mehr hatten und fertig waren!

Lernerfahrungen

Folgende Schlüsselelemente waren ausschlaggebend:

- Die anstehenden Aufgaben wurden durch die Fokussierung auf kleine nächste Schritte verständlich und umsetzbar.
- Die Erfolge bei der Umsetzung der kleinen Schritte haben Spaß gemacht und ein spürbares Resultat erzielt. Diese Erfolge haben wiederum weitere nächste Schritte ermöglicht.
- Beinahe alle Mitarbeitenden waren involviert und konnten ihre Ressourcen einbringen sowie zum Erfolg beitragen.
- Die Teilerfolge auf dem Weg wurden mit allen gefeiert, was jeweils einen Energieschub in der Gruppe auslöste.

Erfolgsgeschichte 2: Gegenseitige Wertschätzung durch die Erfolgsglocke

Geschrieben von Dominik Godat

Unternehmen: Coop, Schweizer Detailhändlerin

Website: www.coop.ch

Unternehmensgröße 2008: 53 880 Mitarbeitende

Teamgröße: 10 Mitarbeitende

Führungskraft: Dominik Godat

Funktion: Leiter Personalmarketing Trading Ost

Lösungsfokussierte Werkzeuge:

- **die Förderung von direkter und indirekter Wertschätzung (Abschnitt 3.4)**
- das Beschreiben der gewünschten Zukunft (Abschnitt 3.2)
- das Wagen eines Experimentes (Abschnitt 3.6)

Die Ausgangslage

Ich übernahm im April 2008 ein neues Team, welches für die Personalbetreuung von zirka 3000 Coop-Verkaufsmitarbeitenden verantwortlich war. Bevor ich kam, war sich das Team eine klare, teilweise direktive Führung gewohnt. Die Mitarbeitenden schätzten an meiner Vorgängerin zwar die klaren Vorgaben, beklagten sich aber über mangelnde Wertschätzung und Anerkennung.

Eine Teamsitzung für mehr Freude am Arbeitsplatz

Einer meiner Mitarbeitenden hatte von meiner Vorgängerin den Auftrag erhalten, dem Team den Motivationsfilm «FISH!» (Christensen, 1998) in einer Teamsitzung zu zeigen. Der Film handelt von Mitarbeitenden eines Fischstandes in Seattle, die trotz der widrigen Umstände Freude an ihrer Arbeit haben.

In einem gemeinsamen Gespräch nach dem Film diskutierten wir, das Team und ich, gemeinsam, wie wir in Zukunft Freude an unserer Arbeit haben könnten. Woran würden wir dies merken? Was würden wir dann anders tun? Die Teammitglieder waren sich einig, dass sie mehr Anerkennung für ihre Arbeit erhalten und mit größerer Freude ihre Tätigkeiten verrichten würden. Zudem würden sie sich gegenseitig mehr loben und besser zusammenarbeiten.

Das Experiment: Die Erfolgsglocke

Als nächsten Schritt definierten wir folgendes Experiment: Wir hängen eine Schiffsglocke an die Wand. Immer wenn jemand einen Erfolg feiert oder einen Erfolg bei anderen sieht, sei dieser auch noch so klein, läutet die Person die Glocke und erzählt, was funktioniert respektive was die Person an Funktionierendem bei anderen beobachtet hat.

Und nichts passierte

Obwohl die Glocke innerhalb von wenigen Tagen organisiert und aufgehängt war, passierte vorerst gar nichts. Niemand läutete die Glocke und die Stimmung verbesserte sich nicht. Als ich eine Woche später nach Hause fuhr, fiel es mir wie Schuppen von den Augen. Als Vorgesetzter musste ich die Glocke als Erster läuten und als Vorbild das tun, was ich mir von den Mitarbeitenden erhoffte. Ich war sehr froh, dass ich dies erkannt hatte und daraus lernen konnte.

Ein kleiner Schritt mit großer Wirkung

Ich ging am nächsten Tag hin und läutete die Glocke. Da ich vor allem die Wertschätzung untereinander fördern wollte, erzählte ich detailliert von einem erfolgreichen Telefonat, das ich bei meiner Assistentin beobachtet hatte. Das Resultat überraschte mich sehr. Alle applaudierten meiner Assistentin und an diesem Tag wurde die Glocke noch drei weitere Male von jeweils anderen Mitarbeitenden geläutet. In den nächsten Tagen baute sich eine regelrechte Euphorie auf, da sich die Mitarbeitenden gegenseitige Anerkennung zukommen ließen und die Erfolgsrezepte anderer multipliziert werden konnten. Mit der Zeit kamen Mitarbeitende von anderen Abteilungen vorbei, welche die Glocke ebenfalls hörten und daraufhin neugierig wurden. Nach und nach läuteten auch diese die Erfolgsglocke und erzählten uns ihre Erfolgsgeschichten. Die Stimmung wurde zunehmend besser, sowohl innerhalb des Teams als auch teamübergreifend. Dies war besonders überraschend, da die Teams vorgängig nicht unbedingt gut aufeinander zu sprechen waren.

Erfolg trotz Ende mit Schrecken

Nach mehreren erfolgreichen Wochen bekamen wir plötzlich überraschend die Auflage der Geschäftsleitung, die Glocke abzuhängen, da sie zu viel Lärm verursache. Ein Geschäftsleitungsmitglied war per Zufall am Großraumbüro vorbeigekommen, während die Glocke geläutet wurde. Er hörte Klatschen und «Lärm unproduktiver Mitarbeitender». Obwohl die Glocke eine überaus positive Wirkung auf die Stimmung und die Motivation der Mitarbeitenden sowie auf die Multiplikation von Erfolgsrezepten hatte, mussten wir dieses äußerst erfolgreiche Experiment leider umgehend beenden.

Lernerfahrungen

- Eine gemeinsam erarbeitete gewünschte Zukunft fördert den Zusammenhalt.
- Eine Wertschätzungskultur, in der sich die Mitarbeitenden gegenseitig loben, kann institutionalisiert werden.
- Gegenseitige Anerkennung fördert die Zusammenarbeit untereinander nachhaltig.
- Vorgesetzte müssen als Vorbilder Lösungsfokussierung vorleben.
- Ein kleiner Schritt kann eine positive Dynamik auslösen.
- Lösungsfokussierte Experimente fallen aufgrund der Euphorie der Mitarbeitenden auf. Dies kann bei nicht eingeweihten Entscheidungsträgern für Verwirrung sorgen. Deshalb ist es wichtig, dass Erfolge laufend kommuniziert werden und Entscheidungsträger eingebunden werden.

Erfolgsgeschichte 3: Ein Feedbackgespräch mit Skalen

Geschrieben von Markus Aeschimann

Unternehmen: International tätiges Unternehmen im Produktions- und Handelsbereich

Unternehmensgröße 2011: 25 100 Mitarbeitende

Teamgröße: 10 Mitarbeitende

Führungskraft: Markus Aeschimann

Funktion: Director Corporate Project Management

Lösungsfokussierte Werkzeuge:
- **das Verwenden von (Multi-)Skalierungen (Abschnitt 3.7, ▷ Multiskalierung meistern)**
- das Erkennen von bereits Funktionierendem (Abschnitt 3.3)
- das Stärken des bereits Vorhandenen durch direkte Wertschätzung (Abschnitt 3.4)
- die Fokussierung auf kleine nächste Schritte (Abschnitt 3.5)

Die Ausgangslage

Die Mitglieder unseres Teams «Corporate Project Management» leiten strategische Projekte, beraten und coachen Business-Projektleiter, bilden künftige Projektleiter aus und entwickeln die Projektmanagement-Methodik laufend weiter. Gelegentlich stellen wir auch Studentinnen und Studenten im Rahmen von Praktika an, um insbesondere methodische Aspekte oder Hilfsmittel für das Projektmanagement zu entwickeln.

Ein Auftrag an die Praktikantin

Oft unterstützen externe Berater unsere Führungskräfte bei Projekten. Einige Führungskräfte waren der Meinung, dass der Nutzen der externen Berater erhöht werden kann, wenn auch die internen Mitarbeitenden und insbesondere die Projektleitenden einige Erfolgsfaktoren für den Umgang mit externen Beratern beachten würden.

Da wir für die Ausbildung und Unterstützung der Projektleiter verantwortlich sind, habe ich diese Herausforderung angenommen.

Ich übergab der Praktikantin, die wir gerade bei uns hatten, die Aufgabe, sich zu überlegen, wie man dieses Thema am besten angehen könnte und was den Projektleitenden am meisten nützen würde.

Gemeinsam haben wir in einer Besprechung einen «Projekt-Zielkreis» erarbeitet, der zu folgenden Fragen Auskunft gab:

- Für wen ist ein solches Hilfsmittel relevant?
- Wozu soll dieses Hilfsmittel eingesetzt werden?
- Was ist das Endergebnis dieses Projektes?
- Woran werden wir erkennen, dass dieses Projekt erfolgreich war?

Außer möglichen internen Interviewpartnern und dem Endtermin haben wir keine weiteren Rahmenbedingungen besprochen.

Aus meiner Sicht war die Aufgabenstellung klar und ich wusste, was ich ungefähr wollte, nämlich ein durchdachtes Konzept für die Entwicklung und Implementierung oder bereits das konkrete Hilfsmittel (zum Beispiel eine Checkliste).

Die Überraschung

In den nächsten Wochen fragte ich die Praktikantin immer wieder mal, wie sie vorwärtskommt. Außerdem bekam ich mit, dass sie mit den Interviewpartnern gesprochen hatte. Sie arbeitete sehr selbständig.

Ungefähr zehn Tage vor der Deadline habe ich ein Dokument von ihr bekommen. Welche Überraschung! Es handelte sich um eine eigentliche Seminararbeit, mit einer Einleitung, einer Beleuchtung des Beratermarktes und weiteren Elementen. Die Erkenntnisse aus den Experteninterviews waren als Aussagen mit akademisch korrekter Zitierweise eingebaut und es gab auch ein Literaturverzeichnis. Kurz gesagt: Ich bekam kein sofort umsetzbares Konzept oder ein konkretes Hilfsmittel, sondern eine dreißigseitige akademische Arbeit.

Wie gebe ich ein motivierendes Feedback und bekomme doch noch, was ich eigentlich wollte?

Ich überlegte mir nach dem Durchlesen des Dokumentes, wie ich ihr ein ehrliches Feedback geben kann und sie trotzdem motiviere, in den letzten Tagen ihres Praktikums nochmals Vollgas zu geben. Denn der Fehler lag ja nicht bei ihr, sondern bei meiner mangelhaften, nur bruchstückhaften, schriftlichen Auftragsformulierung und der nicht vorhandenen Diskussion von Zwischenresultaten.

Das Feedback und die nächsten Schritte auf einer Skalierung aufzubauen, schien mir die geeignetste Lösung. Auf einem Blatt Papier zeichnete ich fünf Skalen von 1 bis 10 auf mit den mir zu diesem Zeitpunkt wichtigen Kriterien:

- Anwendbarkeit
- Verständlichkeit
- Struktur
- Fundierung/Inhalt
- Formales

Für jede dieser Skalen notierte ich mir in meiner Vorbereitung mein Rating und das, was in meinen Augen schon gut funktionierte:

Rating und Funktionierendes

Anwendbarkeit: 3 (Standardprozess für Beratung als gute Orientierungshilfe; einzelne Tipps sind vorhanden)

Verständlichkeit: 5–6 (Einleitung gibt Kontext; Inhalte sind verständlich formuliert)

Struktur: 7 (logische Struktur; klarer Aufbau)

Fundierung/Inhalt: 9 (gute Balance zwischen Theorie und Praxis; Erfahrungen der Interviewpartner gut eingebaut; kritische Punkte angesprochen)

Formales: 8–9 (sauber formatiert; Verzeichnisse vorhanden)

Zusätzlich bereitete ich für mich selbst vor, was aus meiner Sicht gemacht werden müsste, um bei jeder Skala ein paar Schritte weiter in Richtung 10 zu kommen. Das waren dann Punkte wie zum Beispiel die Umarbeitung in eine Handlungsempfehlung, das Ergänzen von Checklisten, die Reduktion des Umfanges auf maximal zehn Seiten sowie tägliche kurze Feedback-Schlaufen mit mir.

Das Feedbackgespräch

Im Gespräch mit der Praktikantin habe ich ihr offen gesagt, dass ich eigentlich etwas anderes erwartet hätte, jedoch sehr schätze, was sie bisher erarbeitet hat. Außerdem habe ich die Zuversicht ausgedrückt, dass mit ein wenig Zusatzaufwand das Ziel erreicht werden kann.

Danach habe ich ihr die Skalen und mein Rating erläutert sowie das Funktionierende geschildert. Im weiteren Gespräch haben wir zusammen diskutiert, mit welchen Maßnahmen wir gemeinsam auf den verschiedenen Skalen weiter zur 10 hin kommen. Dabei hat die Praktikantin von sich aus Vorschläge gemacht, aber auch ich konnte meine vorbereiteten Ideen einbringen.

Die Resultate

In den folgenden Tagen konnten wir das ursprüngliche akademische Papier in eine gute Basis für eine praktikerorientierte Handlungsempfehlung umbauen. Das endgültige Hilfsmittel für Projektleiter benötigte anschließend noch ein paar Stunden Arbeit. Die Studentin konnte ihr Praktikum jedoch mit der Gewissheit abschließen, dass ihr Einsatz für alle sehr wertvoll war.

Lernerfahrungen

- Auftragserteilungen müssen schriftlich erfolgen und ich muss im «Projekt-Zielkreis» noch besser sicherstellen, dass die lösungsfokussierte Frage «Woran werden wir erkennen, dass dieses Projekt erfolgreich war?» für alle Beteiligten klar beantwortet ist.
- Ebenfalls muss ich das gewünschte Endergebnis genauer spezifizieren und Zwischenresultate einfordern.
- Die Diskussion des Ergebnisses mit Hilfe der Skalen war sehr nützlich. Es hat mich dazu gebracht, nicht nur die Unzulänglichkeiten zu sehen, sondern auch die guten Punkte wertzuschätzen. Das hat bei der Praktikantin zu einer positiven, aufnahmefähigen Grundhaltung geführt.
- Das klare Rating auf den Skalen hat bei der Priorisierung der Maßnahmen geholfen. Da in diesem Fall die Anwendbarkeit das tiefste Rating hatte, setzten wir zuerst dort an.

Erfolgsgeschichte 4: Eine Wiedereingliederung nach sechzehn Jahren Abwesenheit

Geschrieben von Thomas Fehr

Unternehmen: Öffentlicher Dienst, Deutschland

Unternehmensgröße 2012: 34 Mitarbeitende

Teamgröße: 34 Mitarbeitende

Führungskraft: Thomas Fehr

Funktion: Verwaltungsleiter

Lösungsfokussierte Werkzeuge:

- **das Vorleben von direkter und indirekter Wertschätzung durch den Vorgesetzten (Abschnitt 3.4)**
- konsequentes Wegbewegen von der Rechtfertigung und der Analyse hin zur gewünschten Zukunft (Abschnitt 3.2)
- das Erkennen von bereits Funktionierendem (Abschnitt 3.3)
- die Fokussierung auf kleine nächste Schritte (Abschnitt 3.5)

Die Ausgangslage

Eine Teilzeitkraft, die nach sechzehn Jahren Elternzeit wieder den Dienst antrat, nahm Angebote meinerseits, vor Dienstantritt eingearbeitet zu werden, nicht an. Ihre erste persönliche Einschätzung lautete: «Ich war früher gut und habe es bewältigt, das wird auch jetzt so sein.»

Während der Elternzeit gab es keinerlei Kontakt zum Arbeitgeber. Die Mitarbeiterin absolvierte in dieser Zeit weder eine persönliche berufliche Weiterbildung noch nahm sie die in dieser Zeit erfolgte IT-Entwicklung wahr. Auch im privaten Umfeld erfolgte eine Beschäftigung mit IT nur rudimentär.

Gravierende Defizite und ein mangelndes Verständnis

Nach Arbeitsantritt wurde schnell ersichtlich, dass sich die Zeiten geändert haben. Besonders auffällig war, dass

- bei ihr kein Servicegedanke feststellbar war,
- sie eine mangelnde Flexibilität bei den Arbeitszeiten aufwies,

- sie einen Tunnelblick bezüglich der Aufgaben im Team hatte (sie konnte zum Beispiel die Belange und Notwendigkeiten der Kollegin nicht in ihre Arbeit einbeziehen),
- bei ihr eine mangelnde Bereitschaft ersichtlich war, Verantwortung für den eigenen Aufgabenbereich wie auch für die gesamte Abteilung zu übernehmen,
- sie fachlich trotz wiederholter Hilfestellung sehr unsicher war (sie stellte wiederholt Fragen zu gleichen Themen, die bereits früher umfassend beantwortet waren) und
- sie eine überdurchschnittlich hohe Fehlerquote in einem allgemein als einfach eingestuften Aufgabengebiet aufwies.

Bisherige Gespräche mit ihr hinterließen bei mir den Eindruck, dass sie nicht verstand, was für das Funktionieren eines Teams hilfreich sein könnte: zum Beispiel die Gesamtverantwortung für die Abteilung wahrzunehmen, über den Tellerrand zu blicken, eine erhöhte Arbeitsqualität zu erzielen, die Sicht der Kolleginnen und der anderen Sachbearbeiter einzunehmen und zu akzeptieren beziehungsweise wahrzunehmen, wo die Kolleginnen und Kollegen Schwierigkeiten sehen.

Idee: Eine Zielvereinbarung auf lösungs- und ressourcenfokussierter Grundlage

Auch wenn ich zunächst sicher war, bereits im Vorfeld sehr empathisch und erschöpfend die persönliche Situation erfragt und berücksichtigt zu haben sowie auch ausreichend Möglichkeiten für Einarbeitung und Weiterbildung aufgezeigt zu haben, wollte ich zurück zum Start. Ich wollte nochmals die persönlichen Befindlichkeiten abfragen sowie davon ausgehen, dass die Mitarbeiterin im Rahmen ihrer Möglichkeiten schon unglaublich viel geleistet hat und auch weiterhin leisten will.

In der Vorbereitung des Gespräches habe ich den Fokus bewusst auf Zukunft und Lösung gesetzt und weniger auf Vergangenheit und Fehler. So hatte ich Fragen wie zum Beispiel:

1. Was soll auch nach unserem Gespräch noch so sein wie vor unserem Gespräch?
2. Welche Eigenschaften braucht es aus Ihrer Sicht, um die Stelle, die Sie besetzen, erfolgreich auszufüllen?

3. Welche Erfolge hatten Sie in den letzten drei Monaten und
   - wie haben Sie diese erreicht?
   - wie haben andere diese wahrgenommen?
4. Nach Schilderung der Ziele des Teams und des Arbeitgebers meinerseits:
   - Wo und wie sehen Sie sich selbst bei und in diesen Zielen?
   - Welchen Beitrag können Sie leisten, um diese Ziele zu erreichen?
   - Welche eigenen Ressourcen können hilfreich sein? Dabei habe ich auf die Erfolge (Antworten auf Frage 3) zurückgegriffen und diese direkt und indirekt wertgeschätzt.
   - Was müsste anders werden (Sie selbst bzw. uns als Arbeitgeber, Verwaltung und Kollegen betreffend), um diese Ziele erreichen zu können?
5. Welches sind die nächsten kleinen Schritte?
6. Wann machen wir einen Zwischenstopp und schauen uns die Zwischenergebnisse an?
7. Was wäre für einen neuen Mitarbeiter in einer vergleichbaren Situation hilfreich?
8. Was würden Sie selbst anders machen, wenn Sie mit Ihrem heutigen Wissen morgen neu beginnen würden?
9. Was wäre dann für Sie möglich?
10. Was davon wäre hilfreich und könnten Sie in Zukunft mehr tun?

Die Fragen 1 bis 6 waren zunächst theoretischer Natur und dienten meiner Vorbereitung. Vereinzelt konnte ich sie auch abgewandelt einbringen. Die Fragen 7 bis 10 haben sich im Gespräch ergeben und waren ausgesprochen hilfreich und förderlich.

Im Verlauf des Gesprächs zeigte sich, dass sich die Mitarbeiterin diese Art des Gesprächs nicht gewohnt war. Wie sie selbst rückmeldete, war sie auf Vorwürfe und Ansprüche vorbereitet. Dies war vermutlich auch der Grund, dass es zwischen den Fragen und Antworten immer wieder Pausen gab, in welchen ich mich zurückhielt und ihr Zeit ließ. Dies gab ihr nach eigenem Bekunden Vertrauen.

Sämtliche Ziele, die wir vereinbart haben, lagen in den Bereichen Atmosphäre, persönliche Verantwortlichkeit und Arbeitsplatzgestaltung. Aus meiner Sicht also tatsächlich jene weichen Themen, bei denen ich ursprünglich davon ausgegangen war, diese ausreichend abgefragt beziehungsweise berücksichtigt zu haben.

Unmittelbare Verbesserungen mit einem Lächeln

Bereits beim Abschied und auch in den folgenden Tagen war ein entspanntes Lächeln zu entdecken. Auch die Rückmeldungen aus dem Umfeld waren nun viel «entspannter» und wohlwollender. In der Konsequenz wurden auch die Arbeitsergebnisse rasch besser. Im Team wurde der ganze Prozess als natürliche Reifung wahrgenommen. Dies war besonders wertvoll.

Lernerfahrungen

- Eine konsequente Konzentration auf die Zukunft lässt Anspannungen bei Mitarbeitenden schnell weichen.
- Geduld im Gespräch schafft Vertrauen.
- Die Arbeit mit einer Mitarbeiterin verändert die Stimmung im ganzen Team.
- Anerkennung, Wertschätzung und auch Vertrauen durch den Vorgesetzten fördern die Zusammenarbeit und erleichtern die Akzeptanz von kritischem Feedback und eigenen Fehlern.
- Vorbereitung ist hilfreich; besonders wenn man es sich gestattet, auch vom Plan abzuweichen.
- Ressourcen- und lösungsfokussierte Ziele können von Mitarbeitenden leichter und entspannter erreicht werden.

Erfolgsgeschichte 5: Mehr Lösungsfokussierung durch Spiegelung und abteilungsübergreifende Moderation

Geschrieben von Marianne Geurts, aus dem Englischen übersetzt von Dominik Godat

Unternehmen: Marel Stork Poultry, Niederlande

Website: http://marel.com/poultry-processing

Unternehmensgröße 2013: 4000 Mitarbeitende, 800 Mitarbeitende am Standort Boxmeer

Projektleiterin: Marianne Geurts

Lösungsfokussierte Werkzeuge:
- die gewünschte Zukunft erarbeiten (Abschnitt 3.2)
- **das Erkennen des bereits Funktionierenden (Abschnitt 3.3)**
- der Weg der kleinen nächsten Schritte (Abschnitt 3.5)
- die Unterstützung einer lösungsfokussierten Arbeitsweise durch eigene Mitarbeitende, welche das Verhalten beobachten, spiegeln und reflektieren
- der bewusste Umgang als lösungsfokussierte Führungskraft mit den traditionellen ungeschriebenen Regeln «guter» Führung
- die organische Integration einer lösungsfokussierten Arbeitsweise durch «Tun» statt «Lehren»

Die Ausgangslage

Zwischen 2007 und 2012 war ich im Rahmen eines Train-the-Trainer-Konzeptes verantwortlich für ein Team von innerbetrieblichen Moderatorinnen und Moderatoren, welche wir ausbildeten. Die Mitarbeitenden investierten dafür fünf Stunden pro Woche neben ihrer eigentlichen Funktion.

Es war das Ziel, Sitzungen nützlicher zu gestalten. Auf diese Weise sollte die Zusammenarbeit verbessert sowie das vorhandene Potenzial genutzt werden. Wir wollten dies erreichen, indem die Sitzungen durch ausgebildete Moderatorinnen und Moderatoren beobachtet und reflektiert wurden. Diese hatten die Aufgabe, die Problemsprache der Sitzungsteilnehmenden zu spiegeln und somit bewusstzumachen. Das hieß, dass sie das Verhalten in den Sitzungen beobachten, Feedback ohne Interpretationen geben und lösungsfokussierte Fragen stellen mussten, um den Teilnehmenden ihr Verhalten in den Sitzungen bewusster zu machen.

Zwischen Loslassen und Strukturieren

Wir starteten mit einer Gruppe von fünfundzwanzig Moderatorinnen und Moderatoren und arbeiteten zuerst an unserer gewünschten Zukunft: Was wird in ein paar Jahren anders sein? Welches Verhalten werden wir dann in Sitzungen beobachten? Woran werden unsere Kunden diese Unterschiede erkennen? Über die Jahre diente uns unsere auf diese Weise erarbeitete gewünschte Zukunft immer wieder als kraftvoller, attraktiver Wegweiser.

Die Frage, wie wir diese gewünschte Zukunft erreichen können, war eine kontinuierliche Herausforderung. Es bedingte eine persönliche Weiterentwicklung jedes Einzelnen sowie eine Entwicklung als Team. Unsere Teamsitzungen, die wir als Moderationsteam durchführten, nutzten wir konsequent, um Funktionierendes zu erkennen und für uns nutzbar zu machen. Als Verantwortliche bestand die Herausforderung für mich darin, das Nützliche entstehen und wachsen zu lassen. Das größte Spannungsfeld in unserem Team, bei mir selber, aber auch bei den Teams, für die wir moderierten, bestand zwischen dem Wunsch, den Prozess zu strukturieren, und der Kraft des Loslassens von Zeit und Struktur, um das volle Potenzial der Mitarbeitenden sich organisch entfalten zu lassen. Was für mich am besten funktionierte, war, dieses Spannungsfeld anzusprechen und die Frage zu stellen, wie wir beide Qualitäten, diejenige der Struktur und diejenige des Vertrauens in einen Flow, nutzen können.

Verblüffende Resultate

Die Auswirkungen der Beobachtung und der Spiegelung der Sitzungen durch die Moderatorinnen und Moderatoren waren erstaunlich:

- Das Bewusstsein des eigenen (Ego-)Verhaltens und der eigenen Problemsprache der Sitzungsteilnehmenden wurde größer.
- Mehr Themen wurden angesprochen, welche früher unausgesprochen die Zusammenarbeit (verdeckt) behinderten.
- Entscheidungen wurden von den Mitarbeitenden unterstützt, da sie vermehrt in Sitzungen von den Teams selber gefällt wurden.

- Die Qualitäten der Teammitglieder wurden besser genutzt:
  - Viele Sitzungen werden heute zum Beispiel durch Teammitglieder geführt, anstatt dass die Führungskraft das einfach macht, weil sich dies so gehört.
  - Vorarbeiten für die nächste Sitzung werden vermehrt durch Mitarbeitende oder Unterteams durchgeführt, um den Prozess zu beschleunigen.
- Die Sitzungen werden bewusster vorbereitet und sinnvoller gestaltet.
- Unterschiedliche Sitzungssettings werden bewusst eingesetzt, wie zum Beispiel
  - Sitzungen, die im Stehen durchgeführt werden,
  - Sitzordnungen, die verändert werden, um andere Dynamiken zu erzeugen, oder
  - Sitzungen, die im Stuhlkreis ohne Tisch dazwischen erfolgen.
- Verschiedene Formen von Sitzungen werden gewählt, wie zum Beispiel
  - das Einladen des Managements oder von Mitarbeitenden anderer Abteilungen, um einen Dialog über die Zusammenarbeit oder spezifische Themen zu führen,
  - Workshops durch Mitarbeitende oder
  - Besuche von anderen Abteilungen, um mehr von diesen zu lernen.

Äußerst wichtig und sehr groß war die persönliche Entwicklung der Moderatorinnen und Moderatoren über die Zeit. Als Beobachtende konnten sie das Geschehen nur dann objektiv spiegeln, wenn sie sich ihrer eigenen Normen, Werte und Interpretationen bewusst wurden. Wir investierten deshalb als Team sehr viel Zeit in das Teilen von Erfolgsgeschichten, in die persönliche Reflexion sowie in die Erforschung des Funktionierenden in der Moderation.

Zu guter Letzt floss mehr Wissen und Know-how in andere Abteilungen, weil die Moderatorinnen und Moderatoren sich austauschten und Sitzungen begleiteten, in denen sie normalerweise nicht gewesen wären. Dies war sehr hilfreich, um nach und nach die Hemmschwellen zwischen den Abteilungen, dem Management und der Produktion abzubauen.

Weg von der klassischen Führung hin zur lösungsfokussierten Moderation

Ich sah meine persönliche Mission darin, die Moderatorinnen und Moderatoren die Kraft der Lösungsfokussierung im Führen von Teams und Moderieren von Sitzungen erfahren zu lassen. Zu Beginn hatten sie sowie die Kunden eher traditionelle Erwartungen an eine Sitzungsgestaltung und -moderation, wie zum Beispiel, dass

- das Management den Zweck definiert,
- die Führungskräfte entscheiden,
- eine Planung und ein präzises Timing vorhanden sind,
- andere wissen, was das Beste für sie ist.

Zudem erwarteten die Kunden teilweise von den Moderatorinnen und Moderatoren Lösungen für ihre Probleme.

Vorbild sein als Führungskraft durch Offenheit und Lösungsfokussierung: Als Moderationsteam leiteten wir unterschiedliche Sitzungen, von individuellem Coaching über Intervisionen, Dialoge, operationelle Sitzungen bis hin zu Trainings. In diesen Begegnungen war meine Lieblingsfrage jeweils Folgende: Was kann ich als Sitzungsleitung das nächste Mal anders tun? Dies kann eine beängstigende Frage sein. Vor allem dann, wenn Leute Sie kritisieren. Und das taten sie manchmal auch, da sie gewohnt waren, auf das zu fokussieren, was nicht funktioniert. Wenn dies vorkam, fragte ich sie, was ich denn das nächste Mal anders tun könnte oder was ich machen müsste, damit die Sitzung noch produktiver wird beim nächsten Mal. Da ich offen war und auch meine eigenen Qualitäten, meine eigenen Fallen und Ängste erforschen und verbessern wollte, erreichten wir so jeweils rasch und einfach eine Ebene der beidseitigen persönlichen Weiterentwicklung und der Teamentwicklung.

Ähnlich erforschten wir jeweils den Prozess: Was von dem, was wir gemacht haben, hat richtig gut funktioniert? Was können wir neben dem, was wir schon gut tun, noch machen, um diesem Projekt noch mehr Kraft zu verleihen?

Ein bisschen Dekoration: Die kritischen Feedbacks, die ich erhielt, warfen mir hauptsächlich vor, dass ich keine strikte Politik verfolge, keine kritischen Erfolgsindikatoren benennen könne oder keine Erforschung desjenigen durchführe, was in den Sitzungen nicht funktioniert. Es war nicht immer einfach, zu erklären, dass ich darin keinen Nutzen sah. Ich wusste jedoch, dass es das Beste war, wenn die

Leute diese Art der Führung selber erfahren. Und ich hatte einen starken Glauben an die Attraktivität unserer anfangs erarbeiteten gewünschten Zukunft sowie an den Weg der kleinen Schritte. Ich wollte aktiv etwas tun und andere erfahren lassen, statt darüber zu reden. Dies war für mich der kraftvollste Weg, um Fortschritte zu erzielen.

Wenn ich gewollt hätte, hätte ich viel Zeit investieren können, um Excel-Listen, Tabellen, Messinstrumente oder Diagramme zu entwickeln, um die persönliche Entwicklung oder die Sitzungseffektivität zu messen. Dies tat ich zum Glück nicht. Allerdings brauchte es schon ein bisschen «Dekoration»: Ich formulierte ein paar Pläne, die zwar niemand genau las, aber den anderen ein Gefühl der Sicherheit vermittelten. Als wir darüber sprachen, bekam ich wieder einmal Gewissheit, dass die essenziellen Dinge auf den Tisch kommen, ohne all die Hilfsmittel und geschriebenen Worte.

Ich war mir bewusst, dass mein starker Glaube an diesen organischen Weg auch gewisse Gefahren barg. So konnte ich Chancen übersehen, indem ich nützliche Ideen nicht wertschätzte, nur weil diese von Personen mit einer anderen Überzeugung kamen, die bei mir «eine allergische Reaktion» auslösten. Vielleicht haben wir tatsächlich Möglichkeiten übersehen. Wir haben als Team jedoch viel erreicht, indem wir an dem gearbeitet haben, was funktionierte, statt auf dem traditionellen Weg und an der Oberfläche zu bleiben.

Keine Bewertung: Über die Jahre verließen Moderatorinnen und Moderatoren das Team und neue kamen dazu. Gewisse waren sehr aktiv, andere wiederum weniger. Einige blieben nur kurz, während andere die ganze Zeit dabei waren. Als Leiterin bewertete ich dies nicht. Jeder Beitrag, auch wenn nur für eine Sitzung, war wertvoll.

Lösungsfokussierte Sprache fördern: Das Moderationsteam entwickelte eine Checkliste, um ihre eigenen Moderationsfähigkeiten zu verbessern. Um uns daran zu erinnern, Sitzungen auf eine lösungsfokussierte Art zu beobachten, verwendeten wir folgende Fragen:

- Fokussiert das Team auf die gewünschte Zukunft statt auf die Probleme der Vergangenheit?
- Erforschen die Teammitglieder die Ressourcen, die sie auf dem Weg zum Ziel unterstützen?
- Welche Stärken erkennst du im Team oder bei spezifischen Personen?
- Welches Verhalten beeinflusst den Prozess positiv?

- Werden Sätze auf eine positive Weise formuliert?
- Geben die Teilnehmenden einander wertschätzendes Feedback und Komplimente?

Unternehmenswerte unterstützen den Flow: Meine lösungsfokussierte Arbeitsweise wurde zudem durch die konkreten Werte des Gründers und CEOs des Unternehmens unterstützt. Viele Moderatorinnen und Moderatoren fühlten sich unter Druck, die Tagesarbeit über die Moderationstätigkeiten zu stellen. Die Angst einer negativen Beurteilung am Jahresende durch die direkten Vorgesetzten war oft präsent. Für andere war es wiederum schwierig, dass ihre direkten Teamkollegen teilweise nicht verstanden, was der Wert solcher Moderationen ist.

Im Jahr 2007 entschieden wir uns zusammen mit dem Management, dass die Moderationstätigkeit freiwillig erfolgen soll. Anstelle der hierarchischen Macht konnten wir die Kraft der Überzeugung des CEOs und Gründers nutzen.

Er war ein starker Verfechter davon, dass

- nur durch mehr Freiheit und Übertragung von Verantwortung das volle Potenzial der Mitarbeitenden zum Tragen kommen kann.
- sich Führung ergeben soll, statt Personen zugeordnet zu sein.
- sich die Arbeitsweise organisch entwickeln können soll, anstatt von oben bestimmt zu werden.

Der Gründer «infizierte» die Manager zudem mit der starken Überzeugung, immer in die Mitarbeitenden und deren Entwicklung zu investieren, sogar in schlechten Zeiten.

Lernerfahrungen

- Die Überzeugungen des Managements sind ausschlaggebend.
- Die persönliche Reflexion meines (angstgesteuerten) Verhaltens sowie das Teilen meiner Gedanken und Zweifel mit dem Team haben den Teamzusammenhalt enorm gesteigert.
- Das Teilen und Verbreiten von Erfolgsgeschichten innerhalb der Organisation ist sehr mächtig.
- Die Regel «Alles, was passiert, ist o.k.» war hilfreich, um weitere nützliche Möglichkeiten zu finden, anstatt auf dem bisherigen fixen Weg zu verharren.
- Bereits die Präsenz von Außenstehenden, auch wenn die Person noch nicht wusste, was er oder sie in der Moderation zu tun hatte, war nützlich, um das Bewusstsein des Teams für das eigene Verhalten zu stärken.

Erfolgsgeschichte 6: Führung von unten

Die Autorin möchte anonym bleiben

Unternehmen: Rechtspflege/öffentliche Verwaltung

Unternehmensgröße 2013: über 300 Mitarbeitende

Abteilungsgröße: 10 Mitarbeitende

Führungskraft: Die Autorin möchte anonym bleiben

Funktion: Gerichtsschreiberin (mittlere Führungsstufe)

Lösungsfokussierte Werkzeuge:

- **Sich die gewünschte Zukunft selber vorstellen, beschreiben, geistig visualisieren (Abschnitt 3.2)**
- Lösungsfokussierte Fragen verwenden (Abschnitt 3 und Abschnitt 4)
- Das im Geiste visualisierte Bild umsetzen
- Den Fokus immer auf die Lösung richten

Die Ausgangslage

Ich wollte mein Pensum als Vollzeitangestellte reduzieren, um mehr Zeit und Kapazität für meine Selbstständigkeit zu haben. Mir war klar, dass seitens meines Vorgesetzten mit Widerstand zu rechnen war, da dies für die Abteilung eine Veränderung bedeutete (mehr Koordinationsaufwand, Absprachen etc.), denn ich wollte meine Anwesenheit flexibel gestalten (an keinen fixen Tagen anwesend oder abwesend sein). Die Hauptfrage, die sich somit für mich stellte, war: Wie ist meine Anwesenheit so zu gestalten, dass für meine Interessen und diejenigen der Abteilung eine Win-win-Situation resultierte? Hier möchte ich betonen, dass es für mich wichtig war, dass es eine Win-win-Situation sein würde. Dies daher, weil ich überzeugt war, dass es nur so funktionieren würde.

Die Vorbereitung auf das Gespräch mit dem Vorgesetzten

In meiner Vorbereitung auf das Gespräch überlegte ich mir, wie meine gewünschte Zukunft aussähe, hätte sich das Problem über Nacht gelöst, das heißt, die Win-win-Situation wäre eingetreten. Woran würde ich bemerken, dass sie eingetreten ist? Wie würde dies mein Vorgesetzter bemerken, wie meine Arbeitskollegen? Wie würde die Situation gelebt? Was würde ich anders tun? Was würde ich tun, was ich bisher nicht gemacht habe? Was würden mein Vorgesetzter und meine Arbeitskollegen tun, nicht tun beziehungsweise anders tun? Inwiefern wäre dies anders als im jetzigen Zeitpunkt? Mit Hilfe dieser lösungsfokussierten Fragen stellte ich mir die gewünschte Zukunft detailliert vor, visualisierte und durchlebte sie in meinem Geiste.

Nachdem ich diese Fragen für mich selber beantwortet hatte, war mein nächster Schritt, mir vorzustellen, wie das Gespräch zwischen uns in der gewünschten Zukunft ablaufen würde. Wie konnte ich den Einstieg gestalten, sodass sich eine gute Atmosphäre bildete? Welche Informationen würde mein Vorgesetzter brauchen, damit er die Entscheidung im Sinne der gewünschten Zukunft fällen konnte? Welche Befürchtungen könnte er haben und wie könnte ich diese entkräften? Wie sollte das Gespräch beendet werden? Zusätzlich machte ich mir Gedanken zu: Wann wäre ein geeigneter Zeitpunkt für das Gespräch? Wie stellte ich sicher, dass ich in guter, positiver Verfassung in das Gespräch hineinginge? Wie würde ich reagieren, wenn Unerwartetes angesprochen würde?

Das Gespräch mit dem Vorgesetzten

Das Gespräch startete freundlich und in einer guten Atmosphäre. Wie erwartet war der Knackpunkt meine Anwesenheit: Nicht überraschend für mich, stellte sich mein Vorgesetzter eine geregelte Anwesenheit vor, das heißt vereinbarte Fixtage. So stellte ich ihm die Frage, woran er merken würde, dass die Abteilung rund laufen würde mit einer flexiblen Handhabung meiner Anwesenheit (anwesend an unterschiedlichen Tagen, zum Beispiel auch halbtags). Es stellte sich heraus, dass für ihn die Planungssicherheit gegeben sein müsse. Daher fragte ich ihn: Angenommen, die wäre gegeben, wie weit im Voraus müsste er meine Anwesenheit wissen? Seine Antwort: Einen Monat im Voraus. Noch ein wenig mehr ins Detail gehend, einigten wir uns, dass ich ihm in der Mitte des Monats jeweils mitteilen würde, wann ich im nächsten Monat anwesend sein werde mit der Möglichkeit der Anpassung dieses Models, wenn es nicht funktionieren würde.

Die neu gelebte Anwesenheit

Es funktioniert! Als mein Vorgesetzter realisierte, dass das Modell funktioniert, schenkte er ihm mehr Vertrauen. Es geht sogar nun so weit, dass meine Anwesenheit sowohl für kurzfristige Termine flexibel angepasst als auch Abwesenheitstermine von mir auf zwei oder drei Monate hinaus vereinbart werden können. Umgekehrt kann die Abteilung von meiner vollen Anwesenheit bei Mehrbelastung und Ferienabwesenheiten profitieren. Die gewünschte Win-win-Situation ist Realität.

Meine Lernerfahrung

- Eine gewünschte Zukunft kann Realität werden.
- Geistiges Durchleben der gewünschten Zukunft schafft Vertrauen und Zuversicht, diese in die Realität umzusetzen. Es ist hilfreich, dies detailliert zu tun.
- Lösungsfokussiertes Denken und Fragen sind unabhängig von der Führungsstufe einsetzbar und können auch erfolgreich sein bei lösungsresistenten Personen.
- Es hat funktioniert, daher werde ich dieses Vorgehen wieder anwenden.

Zum Schluss: Ein lösungsfokussierter Ausblick

Stellen Sie sich vor, dass heute Nacht, während Sie schlafen ein Wunder passiert, welches dazu führt, dass Sie von diesem Buch genau so profitiert haben, wie Sie sich dies in Ihren kühnsten Hoffnungen vorgestellt haben. Da Sie jedoch geschlafen haben, wissen Sie nichts davon.

- Woran werden Sie dies am Morgen nach dem Wunder entdecken?

  ....

  ....

  ....

  ....

  ....

  ....

- Was werden Sie dann anders tun?

  ....

  ....

  ....

  ....

  ....

  ....

- Woran werden dies Ihre Mitarbeitenden bemerken?

  ....

  ....

  ....

  ....

  ....

  ....

- Was wären die Auswirkungen, wenn diese Unterschiede andauern würden?

....

....

....

....

....

....

- Woran werden Sie merken, dass Sie einen ersten kleinen Schritt getan haben, um dies Wirklichkeit werden zu lassen?

....

....

....

....

....

....

Literatur

Aoki, Y. (2005). Challenging to create an «SF inside» Organization. A tentative theory about CNPR (Chain of Natural Positive Response). Solutionfocus: http://www.solutionfocus.jp/fujimori.pdf (08.08.2013).

Baeijaert, L./Stellamans, A. (2011). Resilient People Resilient Teams. Inspiring you and your team to cope effectively with change and adversity. Itterbeek: Ilfaro.

Baeijaert, L./Stellamans, A. (2013). Resilienz. Ein Werkstattbuch zur Widerstandskraft. Bad Homburg: Solutions Academy Verlag.

Bamberger, G. (2005). Lösungsorientierte Beratung. 3., vollständig überarbeitete Auflage. Weinheim und Basel: Beltz Verlag.

Bannink, F. (2006). 1001 solution-focused questions. New York, London: W.W. Norton & Company.

Bass, B.M./Avolio, B.J. (1994). Improving Organizational Effectiveness Through Transformational Leadership. Thousand Oaks, California: Sage Publications.

Bonsen, M./Maleh, C. (2001). Appreciative Inquiry (AI). Der Weg zu Spitzenleistungen. Weinheim und Basel: Beltz Verlag.

Cauffman, L./Dierolf, K. (2007). Lösungstango. 7 verführerische Schritte zum erfolgreichen Management. Heidelberg: Carl Auer Verlag.

Christensen, John (1999). The Fish! Philosophy. Video. Burnsville, MN: ChartHouse Learning.

Creusen, U./Eschemann, N.-R./Johann, Th. (2010). Positive Leadership. Psychologie erfolgreicher Führung. Wiesbaden: Gabler Verlag.

de Jong, P./Berg, I.K. (2003). Lösungen (er-)finden. Das Werkstattbuch der lösungsorientierten Kurztherapie. 5., verbesserte und erweiterte Auflage. Dortmund: Verlag modernes lernen.

de Shazer, St./Dolan, Y. (2013). Mehr als ein Wunder. Lösungsfokussierte Kurztherapie heute. 3., unveränderte Auflage. Heidelberg: Carl Auer Verlag.

Dierolf, K. (2013). Lösungsfokussiertes Teamcoaching. Bad Homburg: Solutions Academy Verlag.

Finkel, A.M. (2011). Solution-Focused Risk Assessment: A Proposal for the Fusion of Enironmental Analysis and Action. In: Johnson, B.L. (Eds.) (2011). Human and Ecological Risk Assessment: An International Journal, 17:4, S. 754–787.

Furman, B./Ahola, T. (2010). Es ist nie zu spät, erfolgreich zu sein: Ein lösungsfokussiertes Programm für Coaching von Organisationen, Teams und Einzelpersonen. Heidelberg: Carl Auer Verlag.

Furman, B./Ahola, T. (2011). Twin Star – Lösungen vom anderen Stern. Teamentwicklung für mehr Erfolg und Zufriedenheit am Arbeitsplatz. Heidelberg: Carl Auer Verlag.

Gallup (2013, Juni). Präsentation zum Gallup Engagement Index 2012. http://www.gallup.com/strategicconsulting/160904/praesentation-gallup-engagement-index-2012.aspx (29.07.13).

Gallwey, T. (2008). The Inner Game of Golf. Die Idee vom Selbstcoaching. 4. Auflage. Staufen: allesimfluss Verlag.

Godat, D. (2012). Die Sprintformel. Mit Siegermentalität zu mehr Erfolg in Privat- und Berufsleben. SOLWorld: http://www.SOLWorld.org/profiles/blogs/new-article-in-german-die-sprintformel (30.07.2013).

Godat, D. (2013a). Solution Focused Leadership. From working practice to a descriptive model of SF Leadership. Solution Focused Leadership: http://www.solutionfocusedleadership.com (31.10.2013).

Godat, D. (2013b). Solution Focused Leadership – the other side of the elephant. Four distinctions between SF Leadership and SF coaching. In: InterAction, 2013(2).

Godat, D. (2014). Lösungen auf der Spur – 50 wirkungsvolle Fragen für Führungskräfte. Zürich: Versus

Godat, D./Kocher, P.Y./Scheiber, L. (2013). Abschlussbericht Solution Focused Leadership Survey. Unveröffentlicht.

Harter, J.K./Schmidt, F.L./Kilham, E.A./Agrawal, S.A. (2009). Q12® Meta-Analysis: The Relationship Between Engagement at Work and Organizational Outcomes. Washington D.C.: Gallup Press.

Hirschburger, F. (2006). The Formula for Resourceful Evaluation of Training and Coaching. Evaluation = Measurement × Coaching². In: Lueger, G./Korn, H.P. (2006). Solution-Focused Management. München, Mering: Rainer Hampp Verlag. S. 287–295.

Hjerth, M. (2008). Micro Tools and the PLUS-model. SOLWorld: http://www.SOLWorld.org/group/microtoolsandtheplusmodel (18.09.2013).

Hoffmann, K./Lueger, G./Luisser, P. (2006). Effects of SF training on productivity and leadership behaviour. In: Lueger, G./Korn, H.P. (2006). Solution-Focused Management. München, Mering: Rainer Hampp Verlag. S. 89–97.

Jackson, P.Z./McKergow, M. (2007). The Solutions Focus. Making Coaching & Change SIMPLE. 2nd edition. London, Boston: Nicholas Brealey International.

Jackson, P.Z./Waldman, J. (2010). Positively Speaking. The Art of Constructive Conversations with a Solutions Focus. Hertfordshire: the solutions focus.

Kline, N. (2009a). Time to think. Listening to ignite the human mind. 11. Auflage. London: Cassell Illustrated.

Kline, N. (2009b). More time to think. A way of being in the world. Pool-in-Wharfedale: Fisher King Publishing.

Kumara, S./McKergow, M. (2010). The ART and MAGIC of Solutions Focused Negotiation. Sfwork: http://www.sfwork.com/pdf/sf_negotiation_whitepaper_2010.pdf (10.07.2013).

Lueger, G. (2003). Solution-Focused Rating (SFR): New Ways in Performance Appraisals. In: McKergow, M./Clarke, J. (2005). Positive Approaches to Change. Applications of Solutions Focus and Appreciative Inquiry at Work. Cheltenham: SolutionsBooks. S. 81–92.

Meier, D. (2004). Wege zur erfolgreichen Teamentwicklung. Mit dem Solution Circle Turbulenzen im Team als Chance nutzen. Ein Werkstattbuch für die Praxis. Luzern: Solutionsurfers GmbH/Weiterbildungsforum.

Meier, D./Szabo, P. (2008). Coaching – erfrischend einfach. Einführung ins lösungsorientierte Kurzzeitcoaching. Luzern. Solutionsurfers GmbH/Weiterbildungsforum.

Mussmann, C. (2006). Solution-Focused Leadership: The range between theory and practical application. In: Lueger, G./Korn, H.P. (2006). Solution-Focused Management. München, Mering: Rainer Hampp Verlag. S. 99–108.

Nickel, S. (2012). Lösungsfokussierte Interventionen in der Mediation. Saarbrücken: AV Akademikerverlag.

Owen, H. (2011). Open Space Technology. Ein Leitfaden für die Praxis. 2., aktualisierte und erweiterte Auflage. Stuttgart: Schäffer-Poeschel Verlag.

Petzold, T. D./Lehmann, N. (Hrsg.) (2011). Kommunikation mit Zukunft. Salutogenese und Resonanz. Bad Gandersheim: Verlag Gesunde Entwicklung.

Röhrig, P. (Hrsg.) (2008). Solution Tools. Die 60 besten, sofort einsetzbaren Workshop-Interventionen mit dem Solution Focus. Bonn: managerSeminare Verlags GmbH.

Schmitz, L./Billen, B. (2008). Lösungsorientierte Mitarbeitergespräche. New Business Line, Band 100. 3. aktualisierte Auflage. München: Redline Wirtschaft.

Szabo, P./Berg, I.K. (2006). Kurz(zeit)coaching mit Langzeitwirkung. Dortmund: Borgmann Media.

Szabo, P. (2009). S.U.R.F. Fortschritte erzielen – erfrischend und nachhaltig. Coachingwebshop by Solutionsurfers: http://www.coachingwebshop.ch/buecher-deutsch-details/product/surf.html (30.06.2013).

Tiger, N. (2013). Taming the Hydra. Persönliche Lernerfahrungen: unveröffentlicht.

Vogt, M./Wolf, F./Sundman, P./Dreesen, H.N. (Hrsg.) (2012). Begegnungen mit Steve de Shazer und Insoo Kim Berg. Dortmund: Verlag modernes lernen.

Stichwortverzeichnis

Der Autor

Dominik Godat, lic. rer. pol., ist Geschäftsführer der Godat Coaching GmbH, eines international tätigen lösungsfokussierten Beratungsunternehmens, welches Führungskräfte, Teams und Organisationen in ihrer Entwicklung sowie in Veränderungsprozessen unterstützt. Dabei hat er sich vermehrt darauf spezialisiert, Führungskräfte mit dem Ansatz der lösungsfokussierten Führung vertraut zu machen. Als Studienleiter des Zertifikatskurses «Certificate of Advanced Studies – Coaching als Führungskompetenz» der Hochschule Luzern und Dozent an mehreren Fachhochschulen und anderen Institutionen bildet er zudem Führungskräfte, Personalverantwortliche und Coaches aus.

Nach dem Studium der Betriebs- und Volkswirtschaftslehre an der Universität in Basel war er mehrere Jahre als Personalbereichsleiter und Personalleiter im Detailhandel tätig, bevor er sich 2009 mit seinem eigenen Beratungsunternehmen selbstständig machte. Diese Führungserfahrungen haben ihn maßgeblich geprägt und motiviert, den Ansatz der lösungsfokussierten Führung zu verbreiten. Als Mitglied des Steering Comittee der SOLworld-Community, eines weltweiten Netzwerks lösungsfokussierter Praktikerinnen, ist er seit rund zehn Jahren an der Weiterentwicklung des lösungsfokussierten Ansatzes in Organisationen beteiligt. Er ist Autor der ersten weltweiten Studie zu lösungsfokussierter Führung und als gefragter Referent international tätig.

Dominik Godat hat im Jahr 2006 lösungsfokussiertes Random Coaching entwickelt und seither mehr als 2000 Coaches und Führungskräfte weltweit damit beeinflusst. Als Verwaltungsratsmitglied von Solution Events Ltd. und Mitinitiator verschiedener Netzwerke und Konferenzen ist er maßgeblich daran beteiligt, den lösungsfokussierten Ansatz bekannter zu machen.

Neben diversen Fachartikeln in Zeitschriften und Fachjournalen hat er mehrere Beiträge in Büchern wie «Solution Tools», «Solution Focused Management» und «57 Solution Focused Activities» geschrieben und publiziert. Zudem ist er Koautor des Buches «Personalmanagement für Führungs- und Fachkräfte».

coaching@godat.ch, www.godat.ch,
www.solutionfocusedleadership.com

Die Welt der lösungsfokussierten Führung noch besser kennenlernen

Wenn Sie während oder nach der Lektüre und Anwendung dieses Buches Interesse haben, die Welt der lösungsfokussierten Führung auch noch anders zu erfahren, gibt es weiterführende Möglichkeiten:

- Die zum Buch gehörenden **Kartensets,** die Sie direkt anwenden können:
  - «Lösungen auf der Spur – 50 wirkungsvolle Fragen für Führungskräfte»
  - «Lösungen auf der Spur – 50 wirkungsvolle Führungsideen»
- Die neue **Online-Plattform** für lösungsfokussierte Führungskräfte: www.solutionfocusedleadership.com

Bibliografische Information der Deutschen Nationalbibliothek

Die Deutsche Nationalbibliothek verzeichnet diese Publikation in der Deutschen Nationalbibliografie; detaillierte bibliografische Daten sind im Internet über http://dnb.dnb.de abrufbar.

Weitere Informationen zu Büchern aus dem Versus Verlag unter www.versus.ch

Umschlagbild und Illustrationen: Thomas Woodtli · Witterswil
Satz und Herstellung: Versus Verlag · Zürich
Druck: Comunecazione · Bra
Printed in Italy

ISBN 978-3-03909-218-5

Weitere Bücher der Reihe **VERSUS kompakt**

Julia Hintermann

Ich kommuniziere – also bin ich!

Kommunikationsmodelle · Fallbeispiele · Praxistipps

ISBN 978-3-03909-202-4 · 144 S. · 2010

Jacqueline Holzer · Jean-Paul Thommen
Patricia Wolf

Wie Wissen entsteht

Ein Einführung in die Welt der Wissenschaft

ISBN 978-3-03909-211-6 · 167 S. · 2012

Friedjung Jüttner

Nimm dein Schicksal in die eigene Hand!

Kleine Psychologie für ein besseres (Selbst-)Management

ISBN 978-3-03909-210-9 · 144 S. · 2012

Andreas Knecht · Carola Negura

Qualitätsmanagement

Wichtigste Methoden · Beispiele · Praxistipps

ISBN 978-3-03909-205-5 · 192 S. · 2013

Weitere Bücher der Reihe **VERSUS kompakt**

Marco Rüstmann

Risikomanagement in der Finanzbranche

Vom Umgang der Banken, Versicherungen, Pensionskassen und Vermögensverwalter mit Risiken

ISBN 978-3-03909-213-0 · 176 S. · 2013

Yvonne Salazar · Klaus Zimmermann · Holger Regber

Bereit für das Unerwartete

Unternehmen in turbulenten Zeiten führen

ISBN 978-3-03909-204-8 · 172 S. · 2014

Christa Uehlinger

Miteinander verschieden sein

Interkulturelle Kompetenz als Schlüssel zur global vernetzten Welt

ISBN 978-3-03909-213-0 · 176 S. · 2013

Markus Worch

Das kleine E-Mail-Buch

Dos & Don'ts im E-Mail-Alltag

ISBN 978-3-03909-164-5 · 128 S. · 2009